U0167738

佳能微单相机
摄影与摄像
实拍技法宝典

徐利丽 著

人民邮电出版社
北京

图书在版编目（CIP）数据

佳能微单相机摄影与摄像实拍技法宝典 / 徐利丽著
. — 北京：人民邮电出版社，2023.8
ISBN 978-7-115-61464-3

Ⅰ．①佳… Ⅱ．①徐… Ⅲ．①数字照相机－单镜头反
光照相机－摄影技术 Ⅳ．①TB86②J41

中国国家版本馆CIP数据核字(2023)第062892号

内 容 提 要

本书系统、全面地介绍了佳能微单相机的摄影与摄像技法。全书共 16 章，细致讲解了佳能 EOS 微单相机使用入门、曝光模式的特点与适用场景、对焦技术与佳能 EOS 微单相机对焦操作、曝光与测光、照片虚实与画质细节、影响色彩的 4 个因素、佳能 EOS 微单相机镜头系统、佳能 EOS 微单相机附件的选择与使用、构图与用光技巧、风光摄影实拍技法、人像摄影实拍技法、认识景别、拍摄视频需要的硬件与软件、视频前期拍摄与后期剪辑的概念、认识视频镜头语言、使用佳能 EOS 微单相机拍摄视频的操作步骤等摄影爱好者应该掌握的理论与技法。

本书内容丰富、讲解细致，对广大佳能微单相机用户、摄影与摄像爱好者、短视频创作者等都有极大的帮助。

◆ 著　　　　徐利丽
　责任编辑　胡　岩
　责任印制　陈　犇

◆ 人民邮电出版社出版发行　　北京市丰台区成寿寺路 11 号
　邮编　100164　　电子邮件　315@ptpress.com.cn
　网址　https://www.ptpress.com.cn
　北京捷迅佳彩印刷有限公司印刷

◆ 开本：700×1000　1/16
　印张：15.75　　　　　　　　　2023 年 8 月第 1 版
　字数：364 千字　　　　　　　2024 年 9 月北京第 2 次印刷

定价：99.00 元

读者服务热线：(010)81055296　印装质量热线：(010)81055316
反盗版热线：(010)81055315
广告经营许可证：京东市监广登字 20170147 号

前言

　　近5年是影像器材空前发展的5年，很多摄影爱好者、从业人员都在这段时间初次购买或多次升级了手中的影像器材。不过，购买一款更高级别的器材，不如将手中的器材用好来得实在。多数摄影者仅仅使用了相机1/10 的功能。如何将相机已有的功能发挥好，如何通过拓宽思路和提升手法来提高作品的价值和拍摄成功率，这是比升级器材更值得思考的事情。为此，我们在学习摄影的同时，还应该学习与视频拍摄相关的知识，为视频创作打下良好的基础。短视频作为当下最有前景的新媒体形式之一，其普及率在最近几年呈指数级增长。在系统地学习本书内容后，你也许会额外开辟一条变现的道路。

　　本书旨在让摄影爱好者对佳能 EOS 微单相机的摄影与摄像功能实现从入门到精通。本书整合了摄影与摄像的相关理论，不仅讲解了每一个摄影爱好者都应该掌握的摄影基本理论，如拍摄前应该检查的参数、镜头等常用硬件，风光摄影的通用技巧等，还讲解了摄影与摄像共通的基本理论，如对焦、曝光三要素、测光、色温与白平衡的关系、构图与用光等。另外，本书介绍了拍摄视频时应该了解的硬件与软件知识，如正确设置分辨率、码率、视频格式等，以及拍摄视频时要了解的镜头语言。

　　本书虽然内容丰富，但并不是一本纯理论图书，还涉及风光、人像等多种题材的摄影实拍技巧，以及视频拍摄的详细操作步骤。

　　在编写本书时，笔者查阅了相关资料并请教了行业专家，即便如此也不能保证书中内容没有瑕疵，欢迎各位读者与笔者交流、沟通，对书中内容进行批评指正。

目录

第3章　对焦技术与佳能EOS微单相机对焦操作

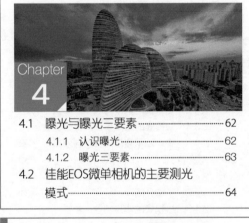

Chapter 3

第4章　曝光与测光

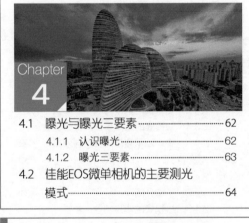

Chapter 4

第5章　照片虚实与画质细节

Chapter 5

第6章 影响色彩的4个因素

Chapter 6

第7章 佳能EOS微单相机镜头系统

Chapter 7

第8章 佳能EOS微单相机附件的选择与使用

Chapter 8

第9章　照片好看的秘密：构图与用光

Chapter
9

第10章　风光摄影

第11章　人像摄影

Chapter
11

第12章 认识景别

第13章 拍摄视频需要的硬件与软件

第14章 视频前期拍摄与后期剪辑的概念

第15章　认识视频镜头语言

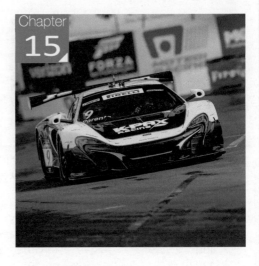

第16章　使用佳能EOS微单相机拍摄视频的操作步骤

第1章

Chapter 1

佳能EOS微单相机
使用入门

对于摄影初学者来说，熟悉自己的相机是非常重要的，特别是要掌握大部分常用功能的设定和操作技巧，这样才能在拍摄时做到游刃有余。

↑ 光圈f/4，快门速度30s，焦距34mm，感光度ISO320

1.1　正确组装及拆分佳能 EOS 微单相机

1.1.1　佳能EOS微单相机开箱检查

如果是从网上购买的相机，到手后第一要务就是拆箱检查，主要是确认相机的配件是否配齐；当然，如果是从实体店购买的相机，在付款前就应进行检查。

下面我们以佳能EOS R5/R6相机为例，介绍佳能 EOS 微单相机的机身及配件。具体来说，有相机机身、锂电池、电池充电器、相机背带、接口连接线等；如果购买的是套机，则还应该包括镜头（附带遮光罩）。需要注意的是，镜头滤镜、存储卡并不在标配范围之内，需要单独购买。

1. 相机机身

相机机身是非常重要的部分，从包装盒内取出相机，相机前侧有一个机身盖，用于避免灰尘等落入相机内部。安装镜头前应取下机身盖。

➡ 佳能EOS R5（R6）相机

2. 锂电池

当前数码相机主要使用锂电池供电。一般情况下，不同型号的相机需要匹配不同型号的电池。

➡ 佳能单反相机原厂电池

3. 电池充电器

刚拆封的电池充电器是单独放置的，需要接上连接线才能使用。电池充电器上有指示灯，电池充电时会闪烁，电池充满电后停止闪烁，呈现绿色。

➡ 佳能微单相机电池充电器

4. 相机背带

摄影者可以利用背带将相机挂在脖子上或是拴在手腕上，以免相机跌落损坏。

➡ 佳能相机背带

5. 接口连接线

通过接口连接线可以将相机与计算机直接相连，以便复制、剪切照片，也可以直接在计算机上浏览相机内的照片。

⬆ 接口连接线

6. 镜头

微单相机之所以有细腻的画质，与镜头的作用是分不开的，镜头与机身一样，是非常重要的配件，没有镜头是无法拍照的。佳能EOS R5（R6）相机可采用套装形式发售，包含一支套机镜头RF 24-105mm f/4L IS USM。如果购买的是单机，那么就需要单独购买镜头了。

⬆ RF 24-105mm f/4L IS USM镜头

1.1.2 正确安装与拆卸镜头

微单相机有出众的画质，其中一个主要原因是使用了高性能镜头，而且镜头可以随时更换，这是单反系统最大的优势之一。通过使用不同的镜头，摄影者可以接近或远离拍摄的景物、改变视角、改变画面的虚化程度和清晰度等，并且升级相机还可以保留原有的镜头。

（1）摘下镜头后盖，逆时针旋转拧下机身盖。

（2）将镜头上的红色安装标记对准机身上的红色安装标记，将镜头插入，然后顺时针旋转，待听到"咔嗒"的声响时，镜头安装完毕。当然，安装过程要小心谨慎，安装完毕后，查看镜头与机身结合是否紧密。只有真正安装好镜头之后，才可以使用。

（3）拆卸镜头时，先按住镜头释放按钮，然后逆时针旋转镜头，将镜头拆下。

关于镜头的安装与拆卸，应该注意以下3个问题。

（1）取下镜头后盖与机身盖之后，机身与镜头接口这一侧都应该是稍向下倾斜的，这样可以避免灰尘落入相机或镜头的

光学部件。在室外更换或安装镜头时尤应注意。

（2）安装镜头时，各项操作要平稳，不要用力过猛，一定要确认镜头准确插入之后再旋转。

（3）镜头安装好之后，晃动机身和镜头，你可能会发现安装得并不是特别牢固，这也是正常的，因为相机与镜头之间存在旷量。拆卸镜头时，要先按住镜头释放按钮，然后逆时针旋转镜头取下。取下镜头后要注意尽快将机身盖和镜头后盖盖上。

1.1.3　关于电池

在之前的镍电池时代，电池充放电3次之后才能发挥最佳性能；但数码相机的电池是锂电池，不需要如此操作，使用时充满电即可，而电量耗尽后相机会自动关闭，提醒用户需要充电。唯一需要注意的是相机长期不用要将电池取出来，充满电后放到电池盒中保存。

↑ 佳能微单相机电池

（1）在进行电池的拆卸或者安装之前，要注意确认相机的电源开关是处于关闭状态的。

（2）长时间不用相机时，可将电池从相机内取出，置于电池盒内。所谓的长时间，是指在数月内都不使用相机。

（3）锂电池没有记忆功能，使用前不需要进行3次充放电操作。

（4）电池在低温环境下会快速消耗电能，因此请尽量保持电池（以及备用电池）处在温暖的环境下。在0℃以下的环境中拍摄应准备多块电池，而且要将备用电池放在贴身的口袋中。

1.1.4　格式化存储卡，为拍摄做好准备

将存储卡推入卡槽，推入时动作要小心，用力不要过猛，避免损伤金属触点。

第一次使用存储卡时，建议用户在相机中格式化存储卡，使之更适合相机。格式化存储卡时，卡中的所有图像和数据都将被删除，即使被保护的图像也会被删除，所以格式化存储卡前，应确认没有需要保留的图像。

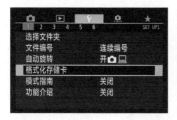
↑ 进入格式化菜单

↑ 正常格式化

↑ 低级格式化

正常格式化是将存储卡中的记录删除，但只要不被新的内容覆盖，这些内容就还是存储在存储卡中的，如果有技术，是可以进行复原的；低级格式化是从根本上删除所有的文件，无法进行复原。

1.2　拍摄第一张照片

1.2.1　取景器取景

　　摄影者用右手握住单反相机的手柄，食指自然搭放在快门按钮上，大拇指放在相机背面的防滑橡胶垫上。摄影者的左手在相机底部平放，托住相机机身，这时大拇指和食指搭在镜头下方，可以利用大拇指和食指（也可以利用大拇指和中指，看个人习惯）来转动镜头的对焦环和变焦环，实现对焦和变焦。

↑ 站姿：持稳相机，双臂夹紧，腰背挺直，双脚自然分开，并且左右脚稍稍错开，这样可以在一定程度上稳定身形

↑ 蹲姿：两脚前后错开，身体稍微前倾，形成稳定的三角支撑，同时左肘支撑在同侧膝盖上，增强相机的稳定性

↑ 借助支撑物：身体无法以舒适的姿势拍摄时，可寻找周边的支撑物或依靠物，以有效增强相机的稳定性

1.2.2　液晶显示器取景

　　利用液晶显示器实时取景，是指所拍摄的画面将显示在液晶屏上供摄影者观察。使用时打开相机，将液晶屏显示面翻转向上即可。当然，摄影者可以根据实际的拍摄角度来调整可旋转的液晶屏的角度。

↑ 正常角度拍摄

↑ 低角度拍摄

↑ 高角度拍摄

1. 开机

将所有配件都组装好之后，将开关拨到ON一侧，开机。

2. 设定自动对焦

在镜头上找到AF/MF的标志，拨到AF（自动对焦）一侧，设定自动对焦。

3. 旋转到全自动模式

按MODE按钮，然后选择全自动模式。在全自动模式下，相机将自动设置全部拍摄参数。

4. 取景，确定拍摄画面

将右手食指轻轻放在快门按钮上，然后把相机举到眼前。眼睛靠近相机上端的取景器，通过取景器可以看到将拍摄下来的画面。仔细观察取景器中的画面，移动相机进行取景，轻微移动相机改变取景角度，直到获得令人满意的画面。

5. 半按快门按钮进行对焦

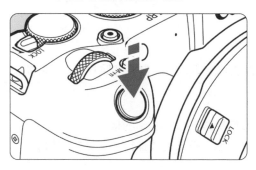

取景角度调整到位后，轻轻半按快门按钮，此时对焦点变红，表示对焦完成，对焦点处的景物变得清晰起来。

6. 完全按下快门按钮完成拍摄

对焦完成后，不要抬起食指，而是继续将快门按钮按到底。要注意，按快门按钮时，躯干及手腕都不要动，而是食指轻轻用力按下，整个过程尽量确保相机是静止的。完全按下快门按钮的瞬间，你会听到"咔嗒"一声，表示拍摄完成。

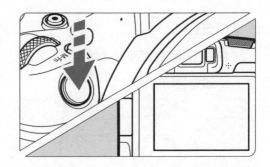

全自动模式下，相机会智能地判断所拍摄的场景，确保拍摄到曝光准确的照片。

⬆ 利用全自动模式拍摄的照片。 光圈 f/10，快门速度 1/200s，焦距 50mm，感光度 ISO400

1.3 将照片导入计算机

拍摄下大量照片之后，你的存储卡可能很快就满了，此时需要将照片导入计算机。

1.3.1 利用 USB 连接线将照片导入计算机

（1）打开相机机身一侧的盖子，找到 USB 连接线在相机一端的接口。

（2）将 USB 连接线小口的一端插入相机。注意，在进行该操作时最好关闭相机。

（3）此时你会发现计算机在安装相机的驱动程序，稍等一会儿，驱动程序便自动安装成功了。

（4）计算机自动进入操作选择界面，在该界面中选择"浏览文件夹"选项，则可以打开相机存储卡中的文件夹，浏览所拍摄的照片，并可以将照片复制或剪切到计算机的文件夹里。

1.3.2 使用多功能读卡器将照片导入计算机

许多摄影者并不喜欢使用USB连接线来进行操作，而是喜欢使用多功能读卡器来复制和转存照片。平时将多功能读卡器放在计算机附近，使用时只要把相机的存储卡取出，插入多功能读卡器，再将多功能读卡器插入计算机，即可快速进行照片的复制、剪切等操作，十分简单快捷。

↑ 读卡器有许多种，有的读卡器只能读取某一种存储卡，而另外一些读卡器则可以读取CF卡、SD卡等多种存储卡。即便是能读取多种存储卡的多功能读卡器，其价格也非常低，一般10~30元即可购买到

1.4 使用 Wi-Fi 或蓝牙功能

Wi-Fi以及蓝牙功能是当前主流数码相机必备的功能，出现在佳能EOS RP（R）相机中也是必然的。

佳能微单相机搭配免费的移动端Camera Connect，可以实现多种互动功能。

（1）在拍摄的同时将图像自动传输到智能手机中。

（2）利用智能手机控制相机拍摄。

（3）使用智能手机浏览相机存储卡中的照片，将挑选出的心仪照片传输到智能手机中。

（4）将所拍照片直接上传至社交网络，在分享的时候非常方便。

↑ 开启Wi-Fi功能后，智能手机及其他智能设备可与相机实现良好的互动

↑ 利用智能手机控制远处相机的拍摄，非常便利

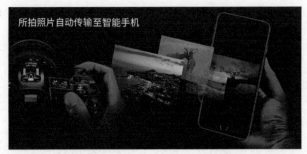
➜ 非常方便地将所拍照片导入智能手机

无论是Wi-Fi还是蓝牙功能，都在相机的无线通信设置菜单中进行设定（以佳能EOS R5相机为例）。

↑ 进入无线通信设置菜单后，即可选择Wi-Fi功能或蓝牙功能，然后按照提示进行设定

↑ 例如，这里选择Wi-Fi功能，之后需要选择要连接的智能设备，这里选择智能手机

选择智能设备后，要在智能设备上借助佳能提供的免费移动端Camera Connect进行配置。

↑ 移动端的下载可以通过扫描上面的二维码进行，分别针对的是Android系统和iOS系统

相机与智能设备连接时，需要设置密码等信息，以上只是大致的连接和匹配过程，如果用户无法完成操作，可以阅读对应相机型号的使用说明书。

第2章

CHAPTER 2

曝光模式的特点与
适用场景

拍摄照片前，首先需要选择曝光模式。相机内P、Tv、Av、M模式的基本原理是在指定参数的前提下，使光圈、快门速度和感光度在相机测光数据的指导下形成组合设定。当光线条件确定时，无论采用哪种曝光模式，都可以获得相同的曝光量。在实拍中可以发现，有时在不同曝光模式下会得到相同的曝光组合。通过变换曝光模式进行拍摄和对比，摄影者可以更好地了解不同曝光模式之间的差异，更好地掌握不同曝光模式的使用技巧。

↑ 光圈 f/11，快门速度 1/500s，焦距 200mm，感光度 ISO100

2.1　全自动（AUTO）模式

全自动模式（也称场景智能自动模式）就是与曝光相关的设定（测光模式、光圈、快门速度、感光度、白平衡、对焦点、闪光灯等）都由相机自动设定，通俗地说就像过去使用"傻瓜"相机一样，不具备任何曝光知识的人通常也能拍出曝光正常的照片。在这种模式下，摄影者只需关注拍什么就行了，剩下的事情由相机来做。对于没有摄影经验的人来说，这是最便捷的模式了。

全自动模式是一种方便但不自由的模式，对于想掌握较高水平的摄影知识的摄影者而言，我们不提倡使用这种模式。

↑ 全自动模式

↑ 全自动模式下，由相机自行设定绝大多数参数，摄影者主要关注构图和对焦。 光圈f/9，快门速度1/320s，焦距11mm，感光度ISO100

2.2　程序自动曝光（P）模式

程序自动曝光模式简称P模式，此模式是将若干组曝光程序（不同的光圈、快门速度组合）预设于相机内，相机根据拍摄环境的光线情况自动选择相应的组合进行曝光的模式。通常在该模式下还有一个"柔性程序"，也称程序偏移，即在相机给定相应的光圈和快门速度时，在曝光值不改变的情况下，摄影者还可选择另外的光圈、快门速度组合，可以侧重选择高速快门或大光圈。

P模式的自动功能仅限于光圈、快门速度的调节，而有关相机功能的其他设置都可由摄影者自己决定，如感光度、白平衡、测光模式等。这是一种自动与手动相结合的模式：曝光自动化，其他功能手动操作。此模式既便利又能给予摄影者一定的自由发挥空间，摄影初学者可从此模式入手，了解相机的曝光原理和设定功能。

2.2.1 P模式的特点

相机根据光线条件自动给出合理的曝光组合：光圈和快门速度均由相机自动设定。

2.2.2 P模式的适用场景：无须进行特殊设置的题材

1. 旅行留影

⬆ 使用P模式，在各种天气条件下都可以得到较理想的曝光效果，且光圈和快门速度的组合可以确保图像清晰。 光圈 f/7.1，快门速度 1/250s，焦距 130mm，感光度 ISO100，曝光补偿 -1.3EV

2. 街头抓拍

⬆ 拍摄纪实作品，瞬间的把握最关键。将相机设为P模式，摄影者可以将技术问题都交给相机解决，而把注意力更多集中在被摄主体上，随时捕捉精彩的画面。 光圈 f/2.8，快门速度 1/80s，焦距 70mm，感光度 ISO360，曝光补偿 -0.7EV

3. 光线复杂场景

↑ 晨雾与晨曦夹杂在一起，此时设定P模式进行拍摄，基本能够确保画面曝光准确。 光圈f/9，快门速度1/150s，焦距200mm，感光度ISO200，曝光补偿-0.7EV

2.3　快门优先（Tv）模式

　　Tv模式也是一种图像曝光由手动操作和自动设定相结合的"半自动"模式。与光圈优先模式相比，这一模式下快门速度由摄影者设定（快门优先），相机根据摄影者选定的快门速度结合拍摄环境的光线情况设置正常曝光的光圈。使用不同的快门速度拍摄运动物体会获得不同的效果，使用高速快门可以使运动物体呈现"凝结效果"，使用慢速快门可以使运动物体呈现不同程度的"虚化效果"。手持拍摄时，快门速度的正确选择也是保证运动物体成像清晰的关键。

2.3.1　Tv模式的特点

　　摄影者控制快门速度，有利于抓取运动物体的某一瞬间或是刻意制造模糊形成动感：快门速度由摄影者设定，光圈由相机根据测光结果自动设定。

　　快门速度设定后，相机会记忆设定的快门速度并默认用于之后的拍摄。测光曝光开启时（或半按快门按钮激活测光曝光），旋转主指令拨盘可以重新设定快门速度。

2.3.2 快门与快门速度的含义

快门（Shutter）是相机控制曝光时间长短的装置，分为帘幕式快门（多用于单反和单电相机）和镜间快门。快门只有在按下快门按钮时才会打开，并在到达设定时间后关闭。光线在快门开启的时间内透过镜头到达感光元件（CCD/CMOS）。快门速度的设定决定了光线进入的时长。

快门速度是快门的重要参数，其标注数字呈倍数关系（近似）。

标准的快门速度值序列如下。

……2s，1s，1/2s，1/4s，1/8s，1/16s，1/30s，1/60s，1/125s，1/250s，1/500s，1/1000s，1/2000s……

快门速度每提高一倍（例如从1/125s变为1/250s），感光元件接收到的光量就减少一半。

另外，在不同快门速度下，运动物体的状态会发生较大变化。使用高速快门可以凝结清晰的瞬间，而使用慢速快门则可以拍出动感模糊的效果。从下面这组图中可以看到，使用高速快门时，水滴飞溅；而使用慢速快门时，流动的溪水呈现丝绸状，更具动感。

⬆ 快门速度1/800s

⬆ 快门速度1/200s

⬆ 快门速度1/4s

⬆ 快门速度2s

常见题材的快门速度范围

流动的车灯	瀑布与小溪	移动的人物	体育比赛	飞翔的鸟	高速赛车
15s～30s	0.5s～5s	1/250s	1/1000s～1/800s	1/1500s～1/1250s	1/2000s及以上

拍摄飞鸟时有一个"1250法则"，即使用高于1/1250s的快门速度，才能真正将飞鸟迎风振翅的瞬间凝结。

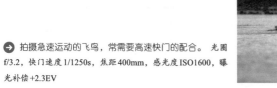

拍摄急速运动的飞鸟，常需要高速快门的配合。 光圈 f/3.2，快门速度1/1250s，焦距400mm，感光度ISO1600，曝光补偿+2.3EV

一般把低于1/15s的快门速度视作慢速快门，此时由于曝光时间较长，通常会使用三脚架辅助拍摄。在使用慢速快门时，轻微的手抖和机震都会影响画面的清晰度，因此摄影者应当格外留意，条件允许的话尽量使用快门线、遥控器，或者采用反光镜预升功能、延时拍摄功能。

通常，在光线较暗，为避免产生噪点降低画质又不能使用过高感光度的时候，需要使用慢速快门。另外还有一些特定场景，使用慢速快门可以获得独特的影像效果。

在一些光线不是很理想的场景中，如果设定高速快门，那么就需要使用较高的感光度，但这会破坏照片画质；而采用慢速快门拍摄，则可以拍摄出画质更出众的照片。此外，本画面使用慢速快门拍摄，车辆灯光拉出了线条。 光圈f/13，快门速度6s，焦距17mm，感光度ISO100

慢速快门拍摄参考设定

场景	建议使用的快门速度
闪电、烟花、星空（地球自转形成的旋转轨迹）	B门
日落之后或日出之前的场景	1s～30s
城市夜景、月夜、流水	1/4s～1s
夜景人像（配合闪光灯慢速同步）、以灯光照明为主的室内环境	1/15s～1/4s

2.3.3 安全快门速度

安全快门速度在手持相机拍摄时，可以避免因手的抖动而造成画面模糊。镜头焦距越长，手抖动对画面清晰度的影响越大，此时安全快门速度也就越高。

这里提供一个简便的计算公式：安全快门速度≤镜头焦距的倒数。

例如，50mm的标准镜头，其安全快门速度是1/50s或更高；200mm的长焦镜头，其安全快门速度是1/200s或更高；24mm的广角镜头，其安全快门速度是1/24s或更高。

这是一个方便记忆和计算的公式，我们在拍摄中可以将其作为快门速度设定的指导。不过在这个公式里，我们没有将被摄物体的运动考虑进去。实际上，在被摄物体高速运动时，即使自动对焦系统保证追踪到被摄物体，但如果快门速度不够，最终拍摄到的照片仍有可能是模糊的，根据焦距计算出的安全快门速度只是摄影者的参考之一。

另外需要注意的是，高像素相机，即使很轻微的模糊也可以在计算机屏幕100%回放时看得一清二楚，因此有必要提高安全快门速度的下限。我们建议摄影者在未使用三脚架拍摄时，将使用公式计算得到的安全快门速度提高到原来的2倍。也就是说，当使用50mm的标准镜头拍摄时，快门速度应设置为1/100s或更高，这样可以保证充分发挥高像素相机的优势。

➔ 使用70-200mm变焦镜头的200mm长焦端拍摄的乌鸦的特写。由于镜头没有防抖功能，因此快门速度设定为1/500s，以保证照片清晰。 光圈f/11，快门速度1/500s，焦距200mm，感光度ISO250

2.3.4　Tv模式的适用场景：根据被摄物体运动速度呈现不同效果

在进行体育摄影和动感人像的拍摄创作时，摄影者可以运用高速快门来凝结运动中人物的姿态，精彩的瞬间可以被高速快门记录下来，呈现出不同寻常的影像效果。

在行驶中的车辆上抓拍窗外的景色时，也可以使用Tv模式。人和相机位于运动的车上，原本静止的风景处于相对的高速运动中，此时如果想拍摄到清晰的风景照片，需要按照拍摄高速动体的规则来执行，使用1/500s甚至更高的快门速度。

1. 运动物体

⬅ 使用200mm的长焦镜头手持拍摄，要想抓住人物滞空的姿态，较高的快门速度是必不可少的。 光圈f/4，快门速度1/1250s，焦距160mm，感光度ISO100，曝光补偿-0.3EV

2. 梦幻水流

⬅ 将流动的水拍出飘动的薄纱的感觉，必须运用长时间曝光技巧。使用Tv模式，将曝光时间设为0.5s，流水连成一片，形成丝绸般的质感，烘托出梦幻的气氛。 光圈f/4，快门速度0.5s，焦距19mm，感光度ISO320

3. 动感光绘

顾名思义，光绘技法就是将光源作为"画笔"，在黑暗背景的衬托下，运动的光源经过长时间曝光可以描绘出美妙的图案。光绘技法可以是利用电筒在空中绘制图案与文字，或者勾勒建筑等景物的边缘，还可以记录下道路上川流不息的汽车尾灯。这个技法多运用于夜景拍摄，通常需要数秒以上的曝光时间。在拍摄时，摄影者特别设定慢速快门，让行驶中的车辆形成模糊的彩色影像，为画面带来动感。 光圈f/4，快门速度10s，焦距14mm，感光度ISO1250

2.4 光圈优先（Av）模式

Av模式是一种图像曝光由手动和自动相结合的"半自动"模式。在这一模式下，光圈由摄影者设定（光圈优先），相机根据摄影者选定的光圈结合拍摄环境的光线情况设置正常曝光的快门速度。

这一模式体现的是光圈的功能优势。光圈的基本功能是和快门组合曝光，它的另一个重要功能就是控制景深。选择Av模式，也可以说是选择了"景深优先"功能，需要准确控制景深效果的摄影者往往会选择此模式。

2.4.1 Av模式的特点

Av模式由摄影者控制光圈大小，以决定背景的虚化程度：光圈由摄影者主动设定，快门速度由相机根据光圈值与现场光线条件自动设定。

光圈值设定后，相机会记忆设定的光圈并默认用于之后的拍摄。测光曝光开启时（或半按快门按钮激活测光曝光），旋转副指令拨盘可以重新设定光圈。

2.4.2 了解光圈

1. 光圈的结构

光圈（Aperture）是用来控制透过镜头照射到感光元件上的光量的装置，通常安装在镜头内部，由5～9个光圈叶片组成。

2. 光圈值的表现形式

光圈的大小用f值表示：f值＝镜头焦距／光圈孔径。

f值是镜头焦距除以光圈孔径得到的数字，而光线通过的面积与光圈孔径的平方成正比，因此光圈值是以2的平方根（约1.4）的倍数关系变化的。

镜头上使用的标准光圈值序列如下。

f/1，f/1.4，f/2，f/2.8，f/4，f/5.6，f/8，f/11，f/16，f/22，f/32，f/44，f/64。

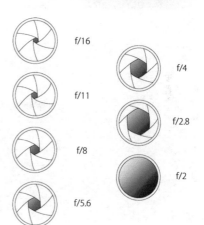

3. 光圈对成像质量的影响

对于大多数镜头，缩小两级光圈即可获得较佳的成像质量。通常光圈缩小为f/8~f/11可以实现镜头的最佳成像。过大（如最大光圈）或者过小（小于f/11）的光圈均会令镜头的成像质量下降。

4. 光圈对曝光的影响

光圈代表镜头的通光口径。当曝光时间固定时，大光圈意味着进光量较大，曝光量越高。因此在照片曝光不足时，可以通过开大光圈来得到正确的曝光。而光线很强烈时，就需要适度缩小光圈。

5. 光圈对虚化程度的影响

光圈孔径大 → 光圈孔径小
景深浅（清晰范围小） → 景深深（清晰范围大）
对焦点外背景虚化 → 对焦点外背景清晰

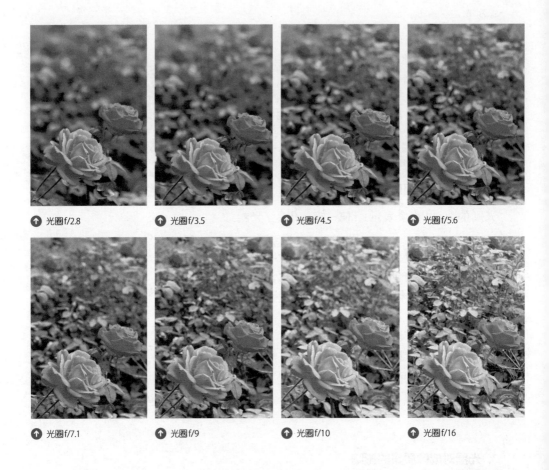

↑ 光圈 f/2.8　　↑ 光圈 f/3.5　　↑ 光圈 f/4.5　　↑ 光圈 f/5.6

↑ 光圈 f/7.1　　↑ 光圈 f/9　　↑ 光圈 f/10　　↑ 光圈 f/16

　　拍摄特写常用到大光圈，利用浅景深得到虚化的背景，突出主体；拍摄风景则更多用到小光圈，以得到尽可能深的景深，此时画面从近到远都很清晰，信息量丰富。

2.4.3　Av模式的适用场景：需要控制画面景深

1. 自然风光

→ 拍摄风光作品时，摄影者多会采用广角镜头并使用f/8~f/16的小光圈，以获得较大景深，使得前景和背景都清晰展现，让风景一览无余。 光圈 f/13，快门速度 1/105s，焦距10mm，感光度 ISO200

2. 人像写真

⬆ 人物是作品的主要表现对象，绿植及花卉只是点缀，使用大光圈控制景深，可以虚化背景、突出人物。 光圈 f/2，快门速度 1/320s，焦距 85mm，感光度 ISO200

3. 静物花卉

↑ 拍摄静物花卉小品时，景深控制可以帮助观者将目光聚集在摄影师需要表现的重点位置。用特写的手法表现花朵形态，光圈设为f/3.2，尽可能将花朵主体以外的其他元素模糊。这种以虚衬实的手法，在拍摄人像作品时也会经常用到。光圈f/3.2，快门速度1/800s，焦距58mm，感光度ISO200

2.5 手动曝光（M）模式

　　M模式下，除自动对焦外，光圈、快门速度、感光度等与曝光相关的所有设定都必须由摄影者事先完成。在拍摄诸如落日一类的高反差场景以及要体现个人思维意识的创作性题材照片时，建议使用手动曝光，这样可以依照自己想要表达的立意任意地改变光圈和快门速度，创造出不同风格的影像，而不用管什么18%的灰度色了。在M模式下，曝光正确与否是需要自己判断的，但在使用时必须半按快门按钮，这样就可以在机顶液晶显示器或取景器中看到内置测光表所提示的曝光数值。

通常相机默认的同步速度为1/60s。最后，由于相机内置测光表无法测量瞬间光源，因此在影棚内使用影室灯拍摄时，也只能使用M模式参照测光表获得正确曝光。

2.5.1　M模式的特点

M模式由摄影者自行设定快门速度与光圈，相机的测光数据作为参考：快门速度和光圈均由摄影者根据场景特点和光线条件有针对性地设置。

2.5.2　M模式的适用场景：摄影者需要完全自主控制曝光

1. 夜景建筑

⬆ 注意夜景摄影中，人工光线看起来很强，其实其照度远低于自然光的照度，因此拍摄本画面需要进行较长时间的曝光以获得充足的曝光量。 光圈f/11，快门速度6s，焦距16mm，感光度ISO100

2. 外接影室灯的拍摄

在影室内拍摄人物或商品，都需要使用影室灯给予仔细的布光。快门速度需要根据闪光灯的同步速度设定，而光圈要根据景深的需要进行人工设定，因此必须使用M模式来进行拍摄。使用佳能 EOS R5（R6）相机时，为保证与闪光型影室灯的同步速度，最好将快门速度固定在1/100s来进行全程拍摄。

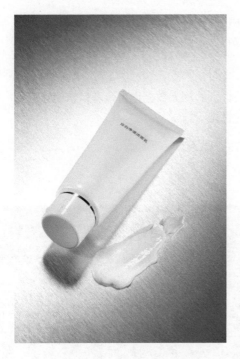

商业类摄影照片，需要商品整体都表现清晰，因此设定光圈时，通常使用f/16甚至更小的光圈以保证全画面的清晰度。而为保证画面的亮度，则可以通过调整影室灯的光量输出来满足需要。 光圈 f/20，快门速度 1/125s，焦距 100mm，感光度 ISO100

2.6　B门模式

2.6.1　B门模式的特点

由摄影者自行设定光圈值，并操控快门的开启与关闭：光圈由摄影者主动设定，快门速度由摄影者根据场景和题材来设定，以控制曝光时间。

2.6.2　B门模式的适用场景：超过30s的长时间曝光

B门专门用于长时间曝光。佳能 EOS R5（R6）相机设定B门模式后，摄影者按下快门按钮，快门开启；松开快门按钮，快门关闭。而曝光时间的长短，完全由摄影者来控制。在使用B门模式拍摄时，最方便的是使用快门线来控制快门的开启和关闭，这样不但可以避免与相机直接接触造成照片模糊，还可以通过锁定快门的开启状态来增加控制的方便性。

使用M模式同样可以达到长时间曝光的效果，M模式的最长曝光时间是30s，而对于B门模式来说，其曝光时间可以多达数小时。

1. 夜景星轨

同样是拍摄夜空，使用M模式只能拍摄到繁星点点，而使用B门模式可以拍摄出斗转星移的线条感来。

2. 烟火或闪电

拍摄烟火或闪电时，通常很难预判它们出现的时机，采用B门模式"守株待兔"是个很巧妙的方法。首先将镜头对准烟火出现的夜空，或对准经常出现闪电的位置，然后设定较小的光圈（如f/11）增加景深，之后就可以锁定快门的开启状态，等待烟火或闪电的出现了。要想捕捉到突如其来的闪电场景，需要用相机的B门模式，并等待黑暗的夜空中闪亮的瞬间。拍摄一张成功的闪电照片并不容易，需要摄影者多拍多尝试。

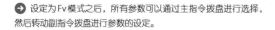 拍摄闪电和烟火必须要长时间曝光，有些摄影爱好者使用M模式来拍摄，但其曝光时间最长为30s，这个时长是不够的，最好使用B门模式并配合使用快门线来锁定快门的开启状态。有经验的摄影者在拍摄烟火时，还会配合使用三脚架并用黑卡纸遮挡镜头，选择位置、色彩、形态完美的烟火进行拍摄，以得到最佳的作品。 光圈f/13，快门速度6s，焦距105mm，感光度ISO100

2.7 灵活优先（Fv）模式

Fv模式是一种综合性非常高的模式，该模式下的所有参数可调。如果用户调整光圈、快门速度，那么相当于设定为M模式；如果用户只调整光圈，快门速度及感光度由相机自动设定，那么相当于设定为Av模式；Tv模式及P模式也是同样的道理。

➡ 设定为Fv模式之后，所有参数可以通过主指令拨盘进行选择，然后转动副指令拨盘进行参数的设定。

快门速度	光圈	感光度ISO	曝光补偿	曝光模式
[AUTO]	[AUTO]	[AUTO]	可用	相当于\<**P**\>
		手动选择		
手动选择	[AUTO]	[AUTO]	可用	相当于\<**Tv**\>
		手动选择		
[AUTO]	手动选择	[AUTO]	可用	相当于\<**Av**\>
		手动选择		
手动选择	手动选择	[AUTO]	可用	相当于\<**M**\>
		手动选择	—	

↑ Fv模式下的参数控制关系列表

↑ 借助于Fv模式，用户不必频繁地转动模式拨盘，就可以随心所欲地拍摄出自己想要的效果。 光圈f/4，快门速度1/320s，焦距
80mm，感光度ISO100

第3章

CHAPTER 3

对焦技术与佳能EOS
微单相机对焦操作

对焦（Focus）也称为聚焦，是指通过调整相机的对焦系统或者改变拍摄距离（物距），使被摄物体成像清晰的过程。

拍摄静态大场景画面时，完成对焦是非常简单的，这也导致许多人认为对焦非常容易，从而忽视对焦的重要性；但事实上，这仅限于拍摄一些静态的画面。如果拍摄的是较小的运动对象，你就会发现对焦是有一定难度的。另外，对焦点位置的不同，会对照片的清晰度、构图等产生较大影响。

本章将介绍对焦相关的概念及原理，以及佳能EOS微单相机在实拍当中的对焦操作。

↑ 光圈f/4，快门速度360s，焦距10mm，感光度ISO800（使用赤道仪辅助）

3.1 对焦原理与技巧

3.1.1 对焦原理

相机的对焦是透镜成像的实际应用，透镜成像的位置取决于透镜焦距。拍摄2倍焦距之外的物体，将镜头内所有的镜片等效为一个凸透镜，成像会位于1~2倍焦距处。

相机的感光元件一般固定在1~2倍焦距，拍摄时调整对焦，让成像落在感光元件上，那成像就会清晰，表示对焦成功；如果成像没有落在感光元件上，那成像就不清晰，即没有对焦成功。

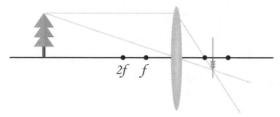

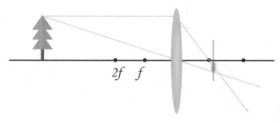

↑ 没有对焦成功，照片模糊

↑ 对焦成功，照片清晰

3.1.2　相位检测对焦与反差式对焦

微单相机通常采用相位检测对焦，而消费级数码相机通常采用反差式对焦。

相位检测对焦通过分光镜将光线传送到自动对焦感应器上，自动对焦感应器会对光线进行相位差计算，从而快速而精确地计算出调整方向和调整量，直接驱动镜头组到达合焦位置。下图中，对焦未完成的两种状态是粉色波峰偏离了参考线，对焦完成时粉色波峰落在参考线上。相比于反差式对焦，相位检测对焦具有快速、准确的特点，但它需要增加相应的相位检测自动对焦单元，增加了硬件和技术成本。在利用专业相机拍摄时，均采用相位检测对焦，因此可以快速精准地完成对焦。

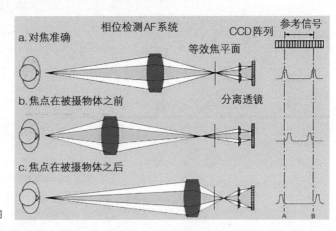

相位检测对焦示意图

反差式对焦过程中，对焦启动后，相机驱动镜头内的镜片组开始移动，对比度开始上升，画面逐渐清晰；当画面最清晰、对比度最高时，相机还会继续移动镜片组（试图寻求更高的对比度），但发现对比度开始下降后开始反向移动镜片组，回退至对比度最高的MAX位置，完成对焦。

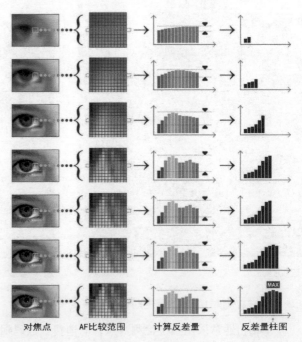

反差式对焦示意图

对焦点　　　AF比较范围　　　计算反差量　　　反差量柱图

根据两种对焦方式的特点可知，专业相机的对焦速度要远高于那些小型的数码相机。反差式对焦系统多用于消费的数码相机，镜头组会前后反复移动，当找到对比度达到最大的点时，相机才会认为对焦已完成。因此，其对焦速度比较慢。但是，反差式对焦将对焦传感器、半反射镜取消了，与此相关的光路长度变化等问题也就没有了，因此也提高了对焦成功率。

⬆ 拍摄一般场景时，专业相机使用相位检测对焦可以确保实现高速、高精度的对焦。 光圈 f/1.4，快门速度 1/320s，焦距85mm，感光度ISO100，曝光补偿 +0.3EV

 拍摄强逆光等极端的场景时，无论使用哪种对焦方式，要实现快速的自动对焦都是比较难的。但整体来看，专业相机的对焦成功率依然要高一些。 光圈 f/8，快门速度 1/2500s，焦距 200mm，感光度 ISO100，曝光补偿 −0.7EV

3.1.3　手动对焦与自动对焦

相机在对焦时，对镜头内镜片组的控制是通过两个环来进行的。一个是变焦环，另一个是对焦环。变焦环改变的是取景的视角，例如我们将极远处的景物拉近，可让景物更清晰，显示更多细节，但这样做的话取景的视角就会小了很多。

对焦环才是决定对焦是否成功的因素。转动对焦环可以使景物的成像落在感光元件上，使成像清晰。

自动对焦（Auto Focus，AF）又被称为自动调焦。自动对焦系统根据相机所获得的距离信息驱动镜头调节相距，从而完成对焦操作。自动对焦比手动对焦更快速、更方便，但它在光线很弱的情况下可能无法工作。手动对焦（Manual Focus，MF）是指手动转动镜头对焦环来实现对焦的过程。这种对焦方式在很大程度上依赖人眼对对焦屏影像的判别和摄影者对相机使用的熟练程度，甚至是摄影者的视力。

在之前的很长时间内，人们一直使用手动对焦的方式进行拍摄。近年来随着电子技术的发展，利用相机机身发出的电子信号驱动镜头进行自动对焦的方式才发展起来。自动对焦时，将镜头对准要拍摄的物体，半按快门按钮即可完成对焦，此时可以保证对焦点位置有清晰的成像效果，周围其他景物则不一定是清晰的；而手动对焦则需要摄影者通过取景器观察景物，如果对焦点处的景物不清晰，就需要手动旋转镜头上的对焦环进行调整，直到眼睛通过取景器观察到的景物清晰为止。

➡ 佳能大部分镜头前端是对焦环，后端是变焦环

⬆ 对于绝大多数光线理想的场景，直接使用自动对焦拍摄会有非常好的效果。 光圈 f/11，快门速度 1/50s，焦距 50mm，感光度 ISO320

　　自动对焦快速、准确，为什么有时还要使用笨拙、缓慢并且精度可能很低的手动对焦方式呢？这是因为自动对焦方式存在一定的缺陷，并且是无法避免的。对于一些特殊的场景，使用手动对焦方式可能更容易完成拍摄。一般来说，手动对焦具体适合以下几种条件。

　　（1）被摄物体表面明暗反差过低的场合，如单色的平滑墙壁、万里晴空的蓝天等。

　　（2）现场环境光源条件不理想或较暗的场所。

　　（3）被摄物体表面有影响对焦的对象，例如拍摄树丛中的小动物等，对小动物对焦时如果使用自动对焦方式，前面的树叶可能会造成对焦误差。

　　（4）摄影者主动使用手动对焦方式营造特定的效果，如拍摄夜景时使用手动对焦方式将灯光拍摄模糊，能够营造出梦幻的效果。

 正确使用手动对焦，同样能获得非常清晰锐利的画质。 光圈f/1.4，快门速度8s，焦距35mm，感光度ISO4000

　　合焦是指拍摄时对焦比较正常，并且对焦完成的状态。合焦与跑焦和脱焦是相对而言的。

　　跑焦是指对焦完成后，拍摄的瞬间，相机又有了一个非常小的二次对焦动作，使对焦点离开了原来的位置，这会使对焦点位置的成像并不清晰。跑焦出现的概率很低，而且多数出现在低端机型上。

　　并不是说对焦出现问题就是跑焦，有时对焦出现问题或焦平面位置有所改变，从而使对焦点脱离原来位置的现象不是跑焦，而是脱焦。现在很多人把对焦不准、使用中脱焦等现象全部归结为跑焦是不对的。

3.1.4　放大对焦位置对焦与峰值对焦

1. 放大对焦位置对焦

　　拍摄弱光场景时，先将相机固定在三脚架上，此时若使用自动对焦方式，可能无法完成拍摄；即便远处有可用于自动对焦的灯光，但需要将相机和三脚架一起向灯光方向倾斜对焦，对焦后再回到原点，这样才会改变对焦距离以及取景范围。而如果取下相机对焦后再固定，也会改变对焦点的位置。

　　有一种非常实用的对焦方式可解决这个问题：将相机设定为实时取景，拍摄的画面显示在液晶屏上，这时先进行手动对焦，以5倍或10倍的放大倍率观察取景画面内一些小的亮点，转动对焦环可以非常清晰地看到对焦是否精确，对焦精确后直接按下快门按钮拍摄就可以了。

↑ 在液晶屏上看到放大的细节，转动对焦环实现精确对焦

↑ 利用手动对焦＋实时显示放大对焦，对天空中的某颗亮星对焦，最终拍摄到清晰的星空画面。 光圈 f/2.8，快门速度361s，焦距 35mm，感光度ISO400

2. 峰值对焦

拍摄弱光场景时，将相机设定为手动对焦，即便放大10倍进行观察，旋转对焦环后也很难判断是否精确对焦，往往需要反复来回旋转对焦环；但借助于峰值对焦功能，摄影者在手动对焦时可变得快速、准确。

所谓峰值对焦，是指在手动对焦时一旦实现了精确对焦，被摄物体的轮廓会以彩色显示，有利于摄影者判断是否已经完成合焦。这样就让手动对焦工作变得更加容易。

↑ 设定峰值对焦后还可以设定对焦的灵敏度级别，以及以哪种颜色来标注被摄物体的轮廓

　　需要注意的是，将相机设定为手动对焦后，如果我们以10倍的放大倍率来观察，那峰值显示是不会出现的。另外，在极高的感光度下，画面中的噪点会非常严重，我们可能无法辨认出峰值对焦所标注的轮廓。

↑ 使用手动对焦拍摄夜景，因为峰值对焦功能可以帮助用户判断旋转对焦环到哪个位置是最准确的对焦，所以就能帮助摄影者拍摄到画质最理想的画面。 光圈 f/16，快门速度 6s，焦距 50mm，感光度 ISO100

3.2　面部追踪对焦与单点、多点、定点对焦

　　在拍摄过程中，对焦时相机取景器内可以使用的对焦的点，便是对焦点。佳能EOS R5（R6）相机可实现最大约为图像感应器100%（竖直方向）x100%（水平方向）的宽阔对焦范围。当用户使用方向按钮手动选择对焦点时，可选自动对焦点数量最多可达5940个；而在相机自动选择对焦点模式下，可根据被摄物体位置从最多143个对焦框中自动选择。一般来说，对焦点数量越多，相机做工的精细度就越高，所以说大部分高端专业机型都具有更多的对焦点。

3.2.1　面部追踪对焦

开启面部追踪对焦功能后，在拍摄包含人物的场景时，相机会自动追踪人物面部进行对焦。

3.2.2　定点与单点自动对焦（单点对焦）

对于静态的风光题材，或者某些形体较小的静态景物，适合选择单个的对焦点来拍摄。这时可以设定为定点或单点自动对焦模式。这两种模式的区别主要在于，在定点自动对焦模式下拍摄，对焦区域更小，相机能够穿过密集树枝中间的孔洞、铁丝网等对其后的主体进行对焦；而单点自动对焦模式则适合对一般的主体进行对焦，如对人物面部进行对焦等。

↑ 面部追踪对焦设定界面

↑ 设定定点自动对焦

↑ 设定单点自动对焦

↓ 使用定点自动对焦，即有可能像本画面一样穿过前面遮挡的小孔，对焦到后面的主体上。　光圈f/2.8，快门速度1/800s，焦距200mm，感光度ISO100，曝光补偿-0.3EV

3.2.3 扩展自动对焦区域（多点对焦）

拍摄生态和体育比赛，特别是赛车、足球比赛、赛马、飞鸟等主体运动非常明显的题材时，摄影者需要让相机快速锁定目标对象，并且在目标对象移动时连续追踪。如果对焦点较多且密集，拍摄时将激活多个对焦点，这样只要运动对象位于取景器视野之内，就基本能够确保有效地进行对焦，体积较小的飞鸟等也会被密集的对焦点捕捉到。

↑ 设定扩展自动对焦区域

↑ 设定更大范围的扩展自动对焦区域

3.2.4 区域自动对焦（多点对焦）

在区域自动对焦模式下，对焦点覆盖的区域是非常广的，更容易捕捉到运动对象。但要注意，使用这种对焦点设定时，相机会优先对距离最近的被摄体进行对焦。

3.2.5 单点对焦与多点对焦的区别

设定单个对焦点进行拍摄就是单点对焦，它一般适合静态的风光摄影、微距和人像摄影等题材。激活多个甚至是所有对焦点进行拍摄，就是多点对焦。使用多点对焦拍摄，最终会有1个或多个对焦点闪亮实现合焦。

↑ 设定最大范围的区域自动对焦

➡ 利用单个对焦点完成对焦，可以非常直观地看到合焦平面的位置，即照片中最清晰的位置。光圈f/1.8，快门速度1/2000s，焦距50mm，感光度ISO100

利用单个对焦点完成对焦，那么对焦位置所在的平面就是合焦平面，该平面与相机朝向是垂直的，并且该平面内成像清晰。

如果有多个对焦点实现了合焦，那么多个对焦点就会有对应的多个合焦平面，相机与这些合焦平面的距离平均值所对应的平面，是最清晰的成像平面。

⬆ 利用多个对焦点实现合焦，那么经过平均计算才能得出合焦平面的位置。所以针对这张照片，我们是无法直接判定其合焦平面的。 光圈f/2.8，快门速度1/320s，焦距200mm，感光度ISO100，曝光补偿-0.3EV

3.3 静态对焦与动态对焦

拍摄不同形体和运动状态的景物时，并不是说你设定了不同的多点对焦区域模式就万事大吉了，因为还会涉及对焦速度以及对焦频率的问题。例如，选择单点拍摄静态的风光题材时，你会有足够的时间来让对焦更加精确；但如果拍摄迎面跑来的对象时，你不单要考虑对焦准确度，还要考虑对焦速度，否则等你对焦完成时主体位置发生了变化，那就会脱焦。

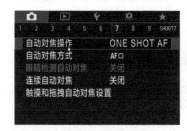

⬆ 有关对焦速度和对焦频率的设定，主要是通过设定对焦驱动模式来实现的

3.3.1 ONE SHOT（单次自动对焦）：拍摄静态对象

熟悉摄影之后，你会体会到对焦不是一个机械的过程，它需要摄影者根据创作主题进行思考："画面的主体在哪里？哪里要实、要清晰，而哪里要虚化？"而后手动指定单一的自动对焦点对准主体，使相机完成自动对焦。在拍摄静态画面时手动选择单一的对焦点，在需要的位置进行一次性的精确对焦，这是专业摄影者的通常选择。而如果使用多点对焦，则最终画面中清晰的部分可能不是你想要的。

单次自动对焦是相机的一种自动对焦模式（在佳能相机中称为 ONE SHOT），适用于拍摄自然风光、花卉小品等静止的主体。在该模式下半按快门按钮，相机将实现一次对焦。成功对焦后，自动对焦点会闪烁红光，取景器中的对焦确认指示灯也会亮起。单次自动对焦一般用于拍摄静止的风光画面。

对于大部分的静态题材，使用单次自动对焦＋单点对焦的拍摄组合，能够拍摄到清晰度更高的画面。

↑ 一般情况下，静态的画面多使用单次自动对焦模式拍摄，使用这种对焦模式的优点是对焦精度很高，画面更为细腻。 光圈 f/8，快门速度 1/30s，焦距 20mm，感光度 ISO100

3.3.2 SERVO（连续自动对焦）：拍摄连续运动的对象

连续自动对焦模式一般适用于拍摄运动的主体，即常用于拍摄对焦距离不断变化的运动主体，如果持续半按快门按钮，将会对主体连续对焦。

在该模式下，相机首先使用中央对焦点进行对焦，并且会对运动主体进行连续对焦。此外，即使主体从中央对焦点移开，只要该主体被另一个对焦点覆盖，相机便会启动这个对焦点持续进行跟踪对焦。

← 使用 AI SERVO 对焦模式拍摄高速运动的主体，可以获得非常精彩的画面。光圈 f/2.8，快门速度 1 / 3200s，焦距 200mm，感光度 ISO400

3.4 锁定对焦、余弦误差与眼部对焦

3.4.1 锁定对焦与余弦误差

我们在拍摄大部分题材时可以先对焦，然后半按快门按钮锁定对焦，再移动视角重新取景构图，这样非常快捷方便，大部分情况下也能得到比较理想的照片效果。但事实上，这种对焦拍摄方式存在余弦误差，近距离拍摄人像、花卉及微距等题材时总会产生脱焦现象。可以做这样一个试验，近距离拍摄微距题材，锁定对焦后移动视角重新构图完成拍摄，你会发现期望最清晰的位置是虚的。

所以在近距离拍摄人像、花卉及微距题材时，要先取景构图，然后手动选择对焦点覆盖想要对焦的位置，直接拍摄。

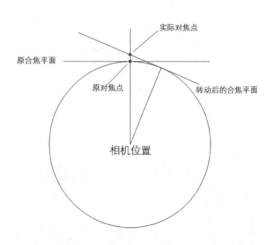

↑ 转动相机后，合焦平面会有变化

↑ 对于距离较远且对对焦精度要求不是很高的题材，可以采取先对焦后构图的方式来拍摄，因为这样更方便快捷。 光圈f/8，快门速度1/140s，焦距21mm，感光度ISO100，曝光补偿-0.3EV

← 对于人像等题材，物距很近，并且对对焦精度的要求很高，那就必须使用先构图后对焦的方式来拍摄，否则对焦平面会移动，产生失焦的问题。 光圈f/1.4，快门速度1/800s，焦距85mm，感光度ISO100，曝光补偿-0.3EV

3.4.2 眼部对焦

开启面部追踪对焦功能，相机可以追踪人物面部。佳能比较高端的单反或微单机型还具备眼部对焦功能，即开启眼部对焦功能后，相机可以自动识别场景中人物或动物的眼睛，并持续对其追踪对焦，摄影者只要考虑取景构图和拍摄参数设定就可以了，而不必考虑对焦问题。使用眼部对焦功能可以确保最终总能拍摄到眼睛足够清晰的画面。

在微单相机时代，只要合理运用相机的功能，就可以解决余弦误差这类很难解决的问题。

⬆ 借助于眼部对焦功能，相机自动对焦人物眼睛，可确保拍摄到对焦合理、画面清晰的人像照片。 光圈f/4，快门速度1/125s，焦距85mm，感光度ISO100

需要注意的是，眼部对焦的本质是眼部追踪对焦，也可以称为追眼对焦，但有些摄影爱好者称其为眼控对焦是不对的。眼控对焦是指相机会检测摄影者取景时眼睛注视的位置，并对场景中摄影者注视的位置进行对焦，这是真正的"指哪儿打哪儿"，具有很高的科技含量，当前绝大多数相机并不具备这种功能。

3.5 对焦点在哪里

在对焦方面，摄影初学者往往最重视相机对焦点的数量、对焦方式的选择等问题，从而忽视最为实际且更加重要的实拍时对焦点的位置选择问题，即我们在拍摄照片时要对画面中的哪个位置对焦。为什么说这个问题尤其重要呢？因为这关系到我们所拍摄出的画面的整体感觉。对焦点位置选择不同，拍摄出的照片效果差别很大。在进行摄影之前，摄影者应该练习一下怎样选择对焦点。用一句话来概括对焦点的选择方式，即"对焦在画面的兴趣中心或能够使画面产生兴趣中心的位置"。

3.5.1　人物特写及环境人像

拍摄满画幅人像也就是人物特写时，大多是被摄人物半身的幅面，重在通过刻画人物的表情及肢体语言来表现人物的内心活动。而对于人物本身来说，眼睛是心灵的窗户，将对焦点放在人物的眼睛上非常有利于表现画面主题，至于是放在人物的左眼还是右眼上，并没有很大的差别。但应该注意一点，如果拍摄的人物是半侧面的，应该将对焦点放在人物靠近相机一侧的眼睛上。

● 对焦在人物靠近相机一侧的眼睛上。 光圈 f/2.8，快门速度 1/160s，焦距 50mm，感光度 ISO100，曝光补偿 −0.3EV

需要拍摄环境人像的场合有很多，如各种商业广告、人像写真、纪实民俗等。在这种题材中，最为重要的被摄物体可能不是人物，或要表现的主题不是人物形象，但一般情况下还是需要将对焦点放在人物身上；如果放在其他被摄物体上，画面可能会显得很怪异或不符合正常的构图规律。拍摄环境人像时，对焦点的选择可以按以下次序：首先选择人物眼睛作为对焦点，无法看清人物眼睛时选择人物面部作为对焦点。

⬆ 对焦在人物面部。 光圈 f/8，快门速度 1/160s，焦距 24mm，感光度 ISO100

3.5.2　花卉类摄影

　　花卉类摄影中，摄影者可能非常靠近花朵，或利用焦距更长的镜头进行拍摄，拍摄出的画面类似于微距效果，在这种情况下，对焦点应该放在花蕊上。这样拍摄出的画面只有花蕊是清晰的，花瓣会由中间向四周变得越来越模糊。应该注意，近距离拍摄花卉时，微风吹动或相机少许的抖动都会严重影响画面效果，因此建议使用三脚架辅助拍摄，并且在没有风的自然条件下进行拍摄。

拍摄单独的花朵时，尽量将对焦点放在花蕊上。 光圈f/6.3，快门速度1/640s，焦距100mm，感光度ISO400，曝光补偿-0.3EV

如果你在春季进行摄影，花卉大概是最主要的拍摄题材。拍摄花卉时，为突出花朵的色彩、形态等，大家都会很自然地将对焦点放在花蕊上，这是画面中仅有一朵花时的情况。但是如果画面中有许许多多的花朵呢？将对焦点放在哪朵花上，则是要进行仔细考虑的。这种情况下选择对焦点有几种方法：可以将对焦点放在较高的花朵上；如果花枝高度比较平均，应该将对焦点放在画面的下1/3且离镜头最近的花朵上。将对焦点放在这些位置，可以使画面产生更加醒目的兴趣中心，并更加符合构图规律，从而看起来更加舒适、自然。

将对焦点放在群花中最高的一朵上，视觉效果最好。 光圈f/2.8，快门速度1/4000s，焦距100mm，感光度ISO100，曝光补偿-0.3EV

3.5.3 风光类摄影

拍摄风光类照片时，最常见的题材大概是山、树木、草原与水流，先来看拍山时的对焦技巧。在拍摄山的整体时，我们关注的是山有多高，周围都有哪些景物，如云层、太阳、其他山脊的线条等，因此需要将对焦点放在山峰上，这样容易刻画出山体的线条，并且周围的景物轮廓也能清晰地表现出来。如果将对焦点放在前景，则远处的山脊线条会变得模糊，不利于画面整体效果的表现。使用长焦镜头拍摄或物距较近时，能够获得的照片画面大概是山的局部，这种情况主要是因为场景中的岩石、林木等景物吸引了我们的注意力，因此对焦点应该放在这些景物上面，以表现画面的主题。

↑ 拍摄这种明显表现山峰的题材时，对焦点可放在山峰上。 光圈 f/8，快门速度1/1000s，焦距9mm，感光度ISO100，曝光补偿−0.3EV

拍摄草原、水流这种比较平坦的景物时，照片画面的主要构成是地面景物与天空。许多新手在拍摄这种场景时喜欢把对焦点放在无穷远处的天际线上，他们认为这样能够获得更深的景深，远近景物都很清晰。其实这种认识是错误的，如此对焦获得的画面，如果放大观察，就会发现原本非常醒目的树木、牛羊、河流等不是很清晰。因此我们在拍摄时首先应该注意观察，寻找画面中的亮点，如树木、牛羊、河流等，再将这些景物清晰地呈现出来，这是最为重要的。

⬆ 拍摄本画面时应该将对焦点放在近处的蜿蜒道路上，如果对焦点位于无穷远处的天际线上，那么画面就会有一种主体不清晰的感觉。 光圈f/7.1，快门速度1/200s，焦距86mm，感光度ISO200，曝光补偿-0.7EV

风光题材非常广泛，对焦点的选择不能一概而论，我们所介绍的只是一般规律，特殊情况则需要特殊对待，摄影者应根据想要表现的主体或主题灵活选择对焦点。

第4章

CHAPTER 4

曝光与测光

精确地控制曝光，让图像正确展现所拍摄场景的明暗反差与丰富的纹理色彩，是一张照片成功的标志之一。要掌握曝光的技巧，需要掌握曝光的基本概念、影响曝光的要素、测光原理、测光模式、曝光补偿等多方面的知识。

↑ 光圈f/11，快门速度1/800s，焦距12mm，感光度ISO100

4.1 曝光与曝光三要素

4.1.1 认识曝光

从技术角度来看，拍摄照片就是曝光的过程。曝光（Exposure）这个词源于胶片摄影时代，是指拍摄环境发出或反射的光线进入相机，底片（胶片）对这些进入的光线进行感应，发生化学反应，利用新产生的化学物质记录所拍摄场景的明暗区别。到了数码摄影时代，感光元件上的感光颗粒（感光颗粒有红、绿、蓝3种颜色，记录不同的颜色信息）在光线的照射下会产生电子，电子数量的多寡可以记录明暗区别。曝光程度的高低以曝光值来进行标识，曝光值的单位是EV（Exposure Value）。1个EV值对应的就是1倍的曝光值。

摄影领域最为重要的一个概念就是曝光，无论是照片的整体还是局部，其画面表现力在很大程度上都受到曝光的影响。拍摄某个场景后，必须经过曝光这一环节，才能看到拍摄后的效果。

如果曝光得到的照片画面与实际场景明暗基本一致，表示曝光相对准确；如果曝光得到的照片画面远远亮于所拍摄的实际场景，表示曝光过度；反之则表示曝光不足。

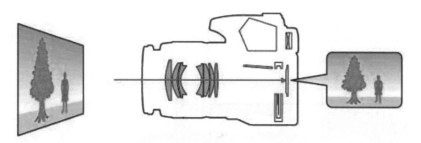

↑ 相机将所拍摄场景变为照片的过程，其实就是曝光的过程

↑ 我们所看到的照片都是经过相机曝光得到的。　光圈 f/4，快门速度 8s，焦距 28mm，感光度 ISO2000

4.1.2　曝光三要素

　　了解曝光过程的原理后，我们可以总结出曝光过程（曝光值）受到两个因素的影响：进入相机光线的多少和感光元件产生电子的能力。影响进入相机光线多少的因素也有两个：镜头通光孔径的大小和通光时间的长短，即光圈和快门速度。我们用结构图的形式表示出来就是光圈与快门速度影响进入相机的光量，进入相机的光量与感光度影响拍摄时的曝光值。

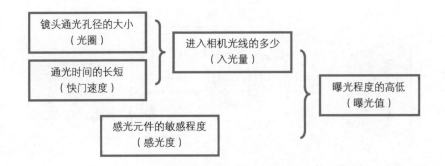

这样总结起来即决定曝光值大小的3个要素是光圈、快门速度、感光度。针对同一个画面，调整光圈、快门速度和感光度后，其曝光值会相应发生变化。例如，在手动曝光模式下（其他模式下曝光值是固定的，一个参数增大，另一个参数会自动缩小），我们将光圈变为原来的2倍，曝光值也会变为原来的2倍；但如果调整光圈为2倍的同时将快门速度变为原来的1/2，则画面的曝光值就不会发生变化。摄影者可以自己进行测试。

⬆ 对光圈、快门速度及感光度进行合理设定，才能得到曝光相对准确的照片。 光圈f/11，快门速度4s，焦距17mm，感光度ISO100

4.2 佳能 EOS 微单相机的主要测光模式

为了能够在各种复杂场景拍摄中获得准确的曝光，相机厂商开发了各种测光模式，使摄影者能够根据不同的光线环境选择不同的测光模式，从而获得曝光相对准确的照片。佳能相机设定的测光模式可分为点测光模式、评价测光模式、中央重点平均测光模式、局部测光模式几种。

摄影领域最先出现的测光模式是点测光模式，后来随着技术的发展才产生了评价测光等测光模式。

4.2.1 ⦿点测光模式：原理、操控与适用范围

点测光，顾名思义，就是只对一个点进行测光，该点通常是整个画面的中心，占全图面积的1.3%左右。测光后，可以确保所测位置以及与测光点位置明暗相近的区域曝光最为准确，而不考虑画面其他位置的曝光情况。许多摄影者会使用点测光模式对人物的重点部位如眼睛、面部或具有特点的衣服、肢体进行测光，确保这些重点部位曝光准确，以达到形成观者的视觉中心并突出主题的效果。使用点测光模式测光虽然比较麻烦，却能拍摄出许多别有意境的画面，大部分专业摄影者经常使用点测光模式测光。

采用点测光模式测光时，如果测画面中的亮点，则大部分区域会曝光不足，而如果测画面中的暗点，则会出现较多位置曝光过度的情况。一条比较简单的规律就是对画面中要表达的重点或主体进行测光，例如在光线均匀的室内拍摄人物。

点测光模式的适用范围：人像、风光、花卉、微距等多种题材。采用点测光模式测光可以对主体进行重点表现，使其在画面中更具表现力。

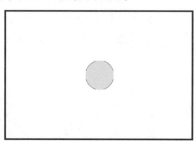

⬆ 点测光模式示意图

⬆ 采用点测光模式测被光线照射的亮部，这样相机会认为拍摄场景很亮而压低曝光，从而可以让画面的明暗反差更加明显。 光圈 f/8，快门速度1/200s，焦距250mm，感光度ISO100

4.2.2 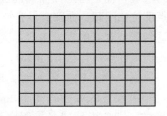 评价测光模式：原理、操控与适用范围

　　评价测光是对整个画面进行测光，相机会将取景画面分割为若干个测光区域，把画面内所有的反射光都混合起来进行计算；对每个测光区域进行独立测光后，对所得的各个曝光值进行平均处理，得出一个总的平均值，这就是相机最后设定的曝光值。这样可达到使整个画面准确曝光的目的。可见评价测光是对画面整体光影效果的一种测量，对各种环境具有很强的适应性，因此使用这种模式测光，在大多数环境中都能够得到曝光比较准确的照片。

　　评价测光模式的适用范围：这种模式对于大多数的主体和场景都是适用的，评价测光是现在大众最常使用的测光模式。在实际拍摄中，它所得的曝光值可以使整体画面色彩真实准确地还原，因此广泛运用于风光、人像、静物等摄影题材。

⬆ 评价测光模式示意图

⬆ 将相机设定为评价测光模式，可拍摄出整体曝光均匀合理的照片。 光圈f/8，快门速度1/320s，焦距100mm，感光度ISO100，曝光补偿-0.3EV

4.2.3 中央重点平均测光模式：原理、操控与适用范围

中央重点平均测光是一种传统测光模式，在早期的旁轴胶片相机上就有应用。使用这种模式测光时，相机会把测光重点放在画面中央，同时兼顾画面的边缘。准确地说，即负责测光的感光元件会将相机的整体测光值有机地分开，画面中央的测光数据占据绝大部分比例，而画面中央以外的测光数据只占小部分比例，起到辅助测光的作用。

中央重点平均测光模式的适用范围：一些传统的摄影者更偏好使用这种测光模式，这种测光模式通常在街头抓拍、纪实拍摄等题材中使用，相机会根据画面中心主体的亮度决定曝光值。摄影者需要依赖自身的拍摄经验，尤其是需要对黑白影像效果进行曝光补偿，以得到心中理想的曝光效果。

⬆ 中央重点平均测光模式示意图

⬆ 对人物进行重点测光，适当兼顾环境，这也是很多人像题材的常见测光方法。 光圈 f/2.8，快门速度 1/50s，焦距 62mm，感光度 ISO400

4.2.4 ⊙局部测光模式：原理、操控与适用范围

　　局部测光是佳能相机特有的测光模式，专门针对测光点附近较小的区域进行测光。这种测光模式类似于扩大化了的点测光，可以保证人物面部等重点部位得到合适的亮度表现。需要注意的是，局部测光模式的重点区域在中心对焦点上，因此拍摄时一定要将主体放在中心对焦点上，以避免测光失误。

　　局部测光适用范围：适合拍摄人像及其他主体比较明显的场景。

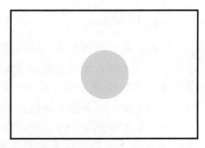

↑ 局部测光模式示意图

➡ 拍摄本画面的重点是提升人物的表现力，首先针对人物用中央对焦点完成对焦和局部测光，而后锁定对焦和测光，重新构图，完成拍摄。可以看到，因为对人物正面背光的暗部测光，相机会认为场景偏暗，会提高曝光值以确保测光点附近曝光准确，但这样背景中的亮部就会过曝了。光圈f/2.8，快门速度1/160s，焦距40mm，感光度ISO500

4.3 曝光补偿的原理与用途

　　曝光补偿是指拍摄时,摄影者在相机给出的曝光值的基础上,人为增加或降低一定量的曝光值。几乎所有相机的曝光补偿范围都是一样的,可以在−2至+2EV内增加或减少,但其变化并不是连续的,而是以1/2EV或者1/3EV为间隔跳跃式变化。早期的老式数码相机通常以1/2EV为间隔,于是有−2EV、−1.5EV、−1EV、−0.5EV、+0.5EV、+1EV、+1.5EV、+2EV共8个级别。而目前主流的数码相机分挡要更细一些,是以1/3EV为间隔的,于是就有−2EV、−1.7EV、−1.3EV、−1EV、−0.7EV、−0.3EV、+0.3EV、+0.7EV、+1EV、+1.3EV、+1.7EV、+2EV等级别的补偿值。目前比较新的专业相机已经出现了−5~+5EV甚至更高的曝光补偿范围。(曝光补偿每变化1EV,表示曝光量也变化1倍。)

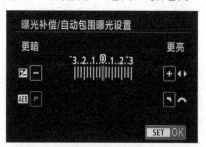

↑ 摄影者调整数值,相机其实是通过改变相应的曝光参数来实现曝光补偿的。例如在Av模式下,我们增加1EV曝光补偿,事实上相机会自动将曝光时间延长一倍,这样就在测光确定的基础上增加了1挡的曝光值

↑ 标准曝光值,无补偿

↑ 曝光补偿−2EV

↑ 曝光补偿+2EV

4.3.1 白加黑减

在遇到高亮环境，如雪地等反射率超过90%的环境时，相机会认为所测的环境亮度过高，自动降低一定的曝光补偿，这样就会造成拍摄画面的亮度降低而呈现灰色；反之遇到较暗的环境，如黑夜等反射率不足10%的环境时，相机会认为环境亮度过低而自动提高一定的曝光补偿，这样也会使拍摄的画面泛灰色。

由此可见，摄影者就需要对这两种情况进行纠正，"白加黑减"就是纠正相机测光时犯下的错误。也就是说，在拍摄亮度较高的场景时，应该适当增加一定的曝光补偿值；而如果拍摄亮度较低甚至黑暗的场景时，要适当降低一定的曝光补偿值。

⬆ 根据"白加"的规律，增加曝光补偿，让画面足够亮，而不是灰蒙蒙的。　光圈 f/16，快门速度 1/80s，焦距 54mm，感光度 ISO100，曝光补偿 +0.3EV

⬆ 根据"黑减"的规律，减少曝光补偿，让画面足够暗。　光圈f/4.5，快门速度3.6s，焦距11mm，感光度ISO100，曝光补偿-1.3EV

4.3.2　包围曝光

当面对光线复杂的场景时，通常无法确定使用什么样的测光模式和曝光组合能够得到一张效果较好的照片，这时就需要通过多次调整不同的光圈和快门组合来得到一张曝光正常的照片。佳能 EOS R5（R6）相机专门设有此项功能，这就是"包围曝光"，也称为"等级曝光"。

此项设置就是以相机测定的曝光值为基准，依次按曝光正常、曝光过度、曝光不足、曝光过度、曝光正常、曝光不足，曝光正常、曝光过度、曝光再过度，曝光正常、曝光不足、曝光再不足的顺序拍摄若干张照片。在这项设置中，曝光过度和曝光不足的多少以 ±EV 值来设定，通常加减的幅度是 ±0.3EV、±0.5EV、±0.7EV、±1EV。拍摄的张数也可由相机设定完成。相机按照加减曝光值的幅度和设定的拍摄张数连续拍摄。

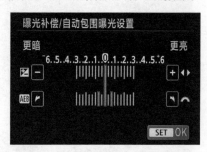

➜ 设置相机自动包围曝光

4.4　完美解决高反差场景的曝光问题

相机的宽容度是指底片（胶片或感光元件）对光线明暗反差的宽容程度。当相机既能让明亮的光线曝光正确，又能让较暗的光线曝光正确，我们就说这个相机对光线的宽容度大。

相机在拍摄高反差场景时会有一些困难，无法同时让暗部和亮部都呈现出足够多的细节。但事实上，通过一些特定的技术手段，我们也可以让照片的曝光比较理想。

1.　自动亮度优化

佳能 EOS R5（R6）相机的自动亮度优化功能专为拍摄光比较大、反差强烈的场景所设，目的是让画面中完全暗掉的阴影部分都能保有细节和层次。与评价测光模式结合使用时，其效果尤为显著。

↑ 佳能 EOS R5（R6）相机的自动亮度优化功能可以设定为关闭、低、标准和高

↑ 当拍摄环境光线非常强烈、明暗对比非常高时，设定自动亮度优化功能，可以尽可能地让背光的阴影部分呈现出更多细节。 光圈 f/11，快门速度1/2s，焦距24mm，感光度ISO200

　　要注意，在拍摄反差大的场景时设定该功能可以使画面显示出更多的影调层次，不至于让暗部曝光不足；但在拍摄一般的亮度均匀的场景时，要及时关闭该功能，否则拍摄的照片将是灰蒙蒙的。

2. 高光色调优先

　　高光色调优先是指相机测光时，将以高光部分为优化基准，用于防止高光溢出。该功能启动后，相机的感光度会限定在ISO200及以上。高光色调优先功能对于拍摄一些白色占主导的题材很有用，例如白色的婚纱、白色的物体、天空的云层等。

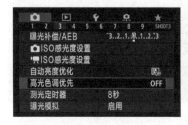

↑ 高光色调优先功能的设定菜单1

↑ 高光色调优先功能的设定菜单2

↑ 画面中天空的亮度非常高，如果要让这部分曝光准确且尽量保留更多细节，场景中的其他区域势必就会因曝光不足而变得非常暗，这时开启高光色调优先功能即可解决这一问题。 光圈f/13，快门速度1/320s，焦距19mm，感光度ISO100，曝光补偿-0.3EV

3. 相机自带HDR模式

HDR（High Dynamic Range，高动态范围）模式是指通过数码处理补偿明暗差，拍摄出具有高动态范围的照片。相机可以将曝光不足、曝光正常和曝光过度的3张照片合成没有高光溢出和暗部缺失的照片。选择HDR模式可以将动态范围设为自动、±1EV、±2EV或±3EV。

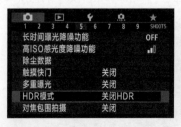

↑ HDR模式的设定菜单1

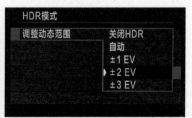

↑ HDR模式的设定菜单2

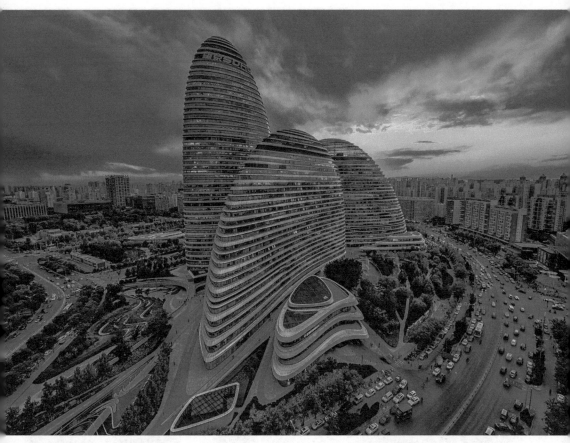

⬆ 拍摄逆光场景时，为了让暗部曝光正常，可以使用HDR模式来拍摄。 光圈 f/14，快门速度1/70s，焦距10mm，感光度ISO200

4.5　多重曝光

其实多重曝光并不复杂，有胶片摄影基础的摄影者更会觉得它简单，但因为佳能在2011年及之前的机型中都没有内置这种功能，所以部分佳能用户会觉得比较新鲜。从佳能5D Mark Ⅲ开始，佳能的中高档机型中均内置了多重曝光功能，多重曝光次数为2~9次，有多种图像重合方式可选，如"加法""平均"等。之后佳能的中高档机型均继承了这一功能，只是有些机型对其进行了一定程度的简化，操作时也非常简单。

⬆ 多重曝光功能的设定菜单1　　　⬆ 多重曝光功能的设定菜单2　　　⬆ 多重曝光功能的设定菜单3

→ "加法"是像胶片相机一样，简单地将多张图像重合，由于不进行曝光控制，合成后的照片比合成前的照片明亮。 光圈 f/8，快门速度 1/1000s，焦距 854mm，感光度 ISO6400

↑ "平均"是指在合成时控制照片亮度，针对多重曝光拍摄的多张照片自动进行负曝光补偿，将合成的照片调整为合适的曝光。 光圈 f/1.2，快门速度 1/2000s，焦距 85mm，感光度 ISO400，曝光补偿 -0.7EV

→ "明亮" / "黑暗"是将基础的照片与合成其上的照片比较后，只合成明亮/较暗部分，适合在合成想要强调被摄体轮廓的照片时使用。图中就是用"黑暗"这种模式合成了人物的剪影。 光圈 f/8，快门速度 1/3200s，焦距 50mm，感光度 ISO12800

第5章
照片虚实与画质细节

照片画面所表现出来的虚实、动静，以及画面细腻平滑程度，是与光圈、快门速度、感光度这几个主要因素有关的。其中，光圈控制照片的清晰程度和虚化程度，快门速度控制景物的动静效果，而感光度则对照片画质有非常大的影响。

↑ 光圈 f/16，快门速度 1/6s，焦距 16mm，感光度 ISO100

5.1 景物虚实之间：实拍中光圈值的设定

摄影初学者可能对一些特定类型的照片感兴趣。例如，摄影初学者可能会感觉部分景物清晰，而另外一些景物虚化、模糊的画面非常漂亮。这种虚化模糊并不是因为相机抖动或没有完成对焦产生的，而是通过设定相机拍摄参数来实现的。摄影领域中通常用景深来描述这种虚（虚化模糊的部分）、实（清晰的部分）的效果。

5.1.1 认识景深三要素

通俗地说，景深就是指拍摄的照片中，对焦点前后能够看到的清晰对象的范围。景深以深浅来衡量，清晰景物的范围较大，说明景深较深，即远处与近处的景物都非常清晰；清晰景物的范围较小，说明景深较浅，在这种浅景深的画面中，只有对焦点周围的景物是清晰的，远处与近处的景物都是虚化的、模糊的。营造照片画面各种不同的效果都离不开景深的变化，风光画面一般都具有很深的景深，远处与近处的对象都非常清晰；人物、微距等题材的画面一般景深较浅，能够突出对焦点周围的对象。

➔ 在中间的对焦位置，画质最为清晰，对焦位置前后会逐渐变得模糊，在人眼所能接受的模糊范围内，就是景深。

➔ 从实拍图可以看出，对焦点位置非常清晰，而向前或向后都比较模糊，基本上可以看出画面的景深。光圈越大，景深越浅。光圈f/3.5，快门速度1/200s，焦距100mm，感光度ISO100

➔ 一般情况下，使用大光圈拍摄照片很容易就可以获得较浅的景深，背景可以得到很好的虚化效果。并且在不改变拍摄位置、焦距等的前提下，随着光圈的变大，拍摄照片的景深会变浅。在拍摄人像时，大光圈的虚化效果是很明显的，并且人像摄影爱好者使用的定焦镜头往往会有较大的光圈。本画面即使用f/2的大光圈拍摄，获得了很好的背景虚化效果。 光圈f/2，快门速度1/1250s，焦距85mm，感光度ISO100

⬆ 花卉类摄影中，有时为了获得很好的背景虚化效果，也要使用大光圈拍摄。　光圈 f/3.2，快门速度 1/400s，焦距 200mm，感光度 ISO100

焦距越长，景深越浅。

⬆ 本画面使用 f/5.6 的中等光圈拍摄，但背景仍然得到了很好的虚化效果。之所以有这种虚化效果，是因为拍摄时的焦距设定得非常长，为 200mm。　光圈 f/5.6，快门速度 1/360s，焦距 200mm，感光度 ISO100

物距越小，景深越浅。

↑ 本画面使用f/11的小光圈拍摄，但通过观察可以发现其景深比较浅，背景的虚化效果明显。光圈小，焦距并不算太长，为什么画面的景深还是很浅呢？其原因就是摄影者在拍摄时与被摄主体的距离是很近的。 光圈 f/11，快门速度1/800s，焦距105mm，感光度ISO400

5.1.2　分离性光圈与叙事性光圈

1. 分离景物的大光圈

　　人像类摄影题材中大光圈运用得比较多，这样可以获得较浅的景深，使主体人物清晰、背景及杂乱的前景比较模糊，能够极大地突出主体人物形象。适合使用大光圈拍摄的还有微距、生态、鸟类、体育等摄影题材。在拍摄这类题材时需要将主体或主体的重要部分从整体环境中提取分离出来，重在给予特写。使用大光圈拍摄正好能够符合这种分离主体的要求，因此大光圈也可以称为分离性光圈。

→ 因为前景相对比较杂乱，需要将主体动物从环境中分离出来，给予特写，所以使用稍大一点的分离性光圈，以及较长的焦距拍摄。 光圈 f/4，快门速度1/1600s，焦距200mm，感光度ISO100

⬆ 拍摄人像写真时，建议使用分离性光圈，焦距设定为50mm以上，物距视全身、半身、特写照而定，使背景获得不同程度的虚化效果，从而使人物形象更加突出。 光圈f/2，快门速度1/500s，焦距85mm，感光度ISO100

⬆ 在商店中拍摄一些商品时，往往需要设定分离性光圈，以长焦距拍摄，将部分商品从整个环境中抽离出来，这样可以避免杂乱背景带来的干扰。 光圈f/2.8，快门速度1/80s，焦距60mm，感光度ISO100

2. 叙事性强的小光圈

　　一般情况下，拍摄大场面的风光时，画面远处与近处的景物都要求非常清晰，所以应使用小光圈，这样可以获得较深的景深，将全部美景尽收眼底。另外，拍摄一些纪实类题材时，要向观者传达更多的故事性信息，所以要求画面的环境更突出一些，需要使用小光圈拍摄深景深画面，这样照片整体清晰，能够表现出更多的画面信息。

　　使用小光圈拍摄能够获得很深的景深，重在叙事，在实践中我们可以将小光圈称为叙事性光圈，主要用于拍摄需要表现出较多画面信息的题材。

🔼 拍摄风光摄影题材时需要使用叙事性光圈将远景与近景都非常清晰地显示出来。 光圈f/8，快门速度1/400s，焦距165mm，感光度ISO100

➡️ 拍摄纪实摄影题材时需要记录更多的环境细节，使用叙事性光圈拍摄最为理想。 光圈f/2.8，快门速度1/80s，焦距28mm，感光度ISO320

 要表现建筑的构成，使用中小光圈拍摄既有利于表现更好的画质，又可以获得较深的景深，让各部分都清晰地显示出来。 光圈 f/8，快门速度1/320s，焦距21mm，感光度ISO200

5.2　感光度应用与画面降噪技巧

5.2.1　感光度的相关设定

以佳能 EOS R5 相机为例，我们可以将感光度的步长值设置为1/2或1/3步长，与曝光补偿的步长设定类似，既可以设定整数倍的变化幅度，也可以设定1/3倍数值的变化幅度。利用这种更精确的步长设定，可以细微地控制感光度的数值，其缺点是在实际拍摄过程中操作略显繁复。在拍摄变化场景时，有经验的摄影者需要快速调整感光度到指定数值，因此可以根据自己的需求设定感光度的步长值。

 步长值大，调整感光度的变化幅度大，操作更快速；步长值小，调整感光度的变化幅度小，操作更精细

5.2.2 感光度的来历与等效感光度

感光度原是作为衡量胶片感光速度的标准，由国际标准化组织（International Organization for Standardization，ISO）制定的。对于传统的胶片相机来说，感光速度是指附着在胶片片基上的卤化银元素与光线发生反应的速度。摄影者需要根据拍摄现场光线强弱和不同的拍摄题材，选择不同感光度的胶片。常见的有ISO50、ISO100的低速胶片，适用于拍摄风光、产品、人像；ISO200、ISO400的中速胶片，适用于拍摄纪实、纪念照；还有ISO800、ISO1000的高速胶片，适用于体育运动的拍摄。数码相机中的感光元件对光线的敏感程度可以等效转换为胶片的感光度值，即等效感光度。

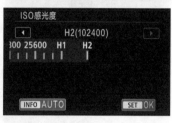

使用数码相机拍摄时，在低感光度下，感光元件对光线的敏感程度较低，不容易获得准确的曝光值；提高感光度数值，则感光元件对光线的敏感程度变高，更容易获得准确的曝光值。这与光圈对曝光值的影响是一个道理。

佳能EOS R5（R6）相机的常规感光度为ISO100~ISO51200，最高可扩展到ISO102400，相比于前代机型，这是非常大的进步。

⬆ 相机（以佳能EOS R5相机为例）的常规低感光度为ISO100，并可扩展为最低ISO50；常规最高感光度为ISO51200，并可扩展为最高ISO102400

5.2.3 不同题材的感光度设定

1. 拍摄风光、静物的感光度设定

在影棚内拍摄静物小品时，通常使用ISO50或ISO100，力图以较低的感光度，尽量细腻地刻画出被摄物体的细节和层次，表现其真实的质感。

➡ 光圈f/9，快门速度1.6s，焦距100mm，感光度ISO100

2. 旅行抓拍的感光度设定

无论是旅行采风还是与家人朋友外出游玩，都可以将感光度设为ISO100~ISO400，这样通常可以满足室外明亮光线下的拍摄。在白天的室外拍摄，即便是在密林、树荫、屋檐下，将感光度设为ISO400也足够了。

↑ 光圈f/6.3，快门速度1/400s，焦距190mm，感光度ISO200，曝光补偿-1.7EV

3. 抓拍运动主体的感光度设定

拍摄运动中的主体需要设定较高的快门速度，将感光度设为ISO400~ISO1600可以满足在一般光线下保持1/800s以上的快门速度的要求。对于佳能2010年左右推出的一些机型来说，感光度超过ISO1000，照片画质就会受到严重影响；但随着技术的发展，以佳能EOS R5（R6）相机为例，我们即便将感光度设为ISO1600进行所谓的高感拍摄，画质依然令人满意。

← 光圈f/3.2，快门速度1/800s，焦距340mm，感光度ISO800

4. 拍摄舞台的感光度设定

与舞台相比，观众席的实际照度很低，所以拍摄看似亮堂的舞台时，相机的实际光线并不会很强。因此在拍摄现场演出时，建议将感光度设为ISO500~ISO3200，这样既能够保证照片的画质，又能在一定程度上提高快门速度，有利于抓取瞬间。

↑ 光圈f/2，快门速度1/500s，焦距85mm，感光度ISO1600

5.2.4 噪点与照片画质

　　曝光时感光度的数值不同，最终拍摄画面的画质也不同。感光度发生变化即改变感光元件对于光线的敏感程度，具体原理是在原感光能力的基础上进行增益（如乘以一个系数），增强或降低所成像的亮度，使原来曝光不足的画面变亮，或使原来曝光正常的画面变暗。这就会造成另外一个问题，在加亮时，同时会放大感光元件中的杂质（噪点），这些噪点会影响画面的效果。感光度数值越大（放大程度越高），噪点越明显，画质就越粗糙；如果感光度数值较小，则噪点就变得很弱，此时的画质比较细腻出色。

⬆ 拍摄星空时，为避免快门速度过低而造成星星拖尾，设定为高感光度。但这样画面中不可避免地会产生噪点，并且感光度数值越大，噪点越多。　光圈 f/4.5，快门速度30s，焦距16mm，感光度ISO6400

➡ 局部放大可以发现暗部噪点非常明显

在光照严重不足的条件下进行手持拍摄时，使用ISO6400以上的超高感光度可以获得较高的快门速度，有效防止拍摄时手和相机抖动造成的模糊。需要注意的是，当使用ISO6400以上的超高感光度拍摄时，色彩噪点和亮度噪点都会明显增多，推荐此时将超高感光度降噪设为"强"，以取得符合观者视觉欣赏习惯的照片效果。

⬆ 拍摄星空银河需要使用超高感光度才能实现。拍摄本画面时，将感光度设为ISO10000，超高感光度降噪设为"强"。 光圈 f/4，快门速度30s，焦距16mm，感光度ISO10000

摄影者在拍摄某些题材时，需要在弱光下进行长时间曝光。这个技巧多用于拍摄梦幻如纱的流水、灯光璀璨的城市夜景或斗转星移的晴朗夜空，此时通常使用 B门模式拍摄，曝光时间从数秒到数小时不等。由于数码相机感光元件的工作原理，在进行超过1s的长时间曝光时，画面不可避免地会产生噪点。这种噪点通常显现为颗粒状的亮度噪点，即使使用ISO100的低感光度拍摄也难以避免。这时就需要考虑是否开启长时间曝光降噪功能来抑制噪点了。开启该功能可以提升照片画质，但相应地摄影者会花费大量的时间来降噪，在此期间无法使用相机，并且相机会持续耗电，有些得不偿失。因此我们的建议是关闭长时间曝光降噪功能，而是拍摄RAW格式的照片，然后在后期处理软件中进行降噪。

⬆ 长时间曝光降噪功能的设定菜单。大多数情况下，建议关闭该功能

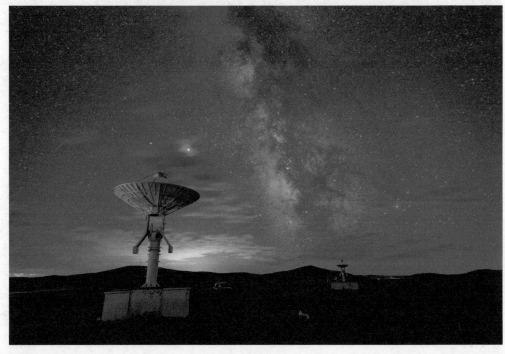

⬆ 拍摄一些星空夜景时，建议关闭长时间曝光降噪功能，否则会误消除天空中的星星。 光圈 f/4，快门速度 30s，焦距 16mm，感光度 ISO4000

第6章

C<small>HAPTER</small> 6

影响色彩的4个因素

在相机内对白平衡与色温进行设定，可以改变所拍摄照片的颜色，这是最简单、最重要的控制色彩的技巧。除此之外，还有另外3个非常重要的因素，也会对照片的色彩产生较大影响。本章将介绍影响照片色彩的4个主要因素：白平衡与色温、ICC配置文件、曝光值、色彩空间。

↑ 光圈 f/2.8，快门速度 1/4s，焦距 9mm，感光度 ISO200，曝光补偿 +2.7EV

6.1 白平衡、色温与色彩

6.1.1 真正理解白平衡

先来看一个实例：将同样的红色色块分别放入蓝色、黄色和白色的背景当中，你会感觉到不同颜色背景中的红色是有差别的。为什么会这样呢？这是因为我们在看红色色块时，以不同的背景色作为参照，所以感觉会发生偏差。

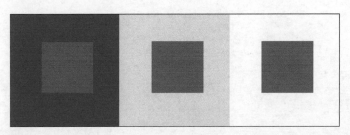

↑ 同样的红色色块在不同颜色的背景中

通常情况下，人们需要以白色为参照才能准确辨别颜色。红、绿、蓝三色混合会产生白色，然后以白色为参照人们才能分辨出准确的颜色。所谓白平衡，就是指以白色为参照来准确分辨或还原各种颜色的过程。如果在白平衡调整过程中没有找准白色，那么还原的其他颜色就会出现偏差。

要注意，在不同的环境中，作为色彩还原标准的白色也是不同的。例如在夜晚室内的荧光灯下，真实的白色要偏蓝一些；而在日落时分的室外，白色是偏红黄一些的。如果在日落时分以标准白色或冷蓝的白色作为参照来还原颜色，那也是要出问题的，而应该使用偏红黄一些的白色作为标准。

相机与人眼视物一样，在不同的光线环境中拍摄，也需要有白色作为参照才能在拍摄的照片中准确还原颜色。

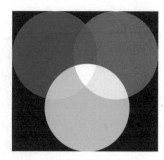

⬆ R、G、B三原色

⬆ 本画面能够准确还原出各种不同的红色、黄色，就是因为相机找准了当前场景中的白色标准。 光圈 f/11，快门速度 3s，焦距 15mm，感光度 ISO200

为了方便用户使用，相机厂商将标准的白色分别放在不同的光线环境中，并记录下在不同环境中的白色状态，而后内置到相机中，作为不同的白平衡标准（模式），这样用户在不同环境中拍摄时，只要调用对应的白平衡模式即可拍摄出色彩准确的照片了。数码相机中常见的白平衡模式有日光、荧光灯、钨丝灯等许多种，用于在不同的场景中为相机校正色彩。

白平衡模式界面

6.1.2　色温与白平衡的相互关系

在相机的白平衡菜单中，我们会看到每一种白平衡模式后面还会对应着一个色温（Color Temperature）值。色温是物理学上的名词，它是用温标来描述光的颜色特征，也可以说就是色彩对应的温度。

我们都知道这样一个常识：把一块黑铁加热，令其温度逐渐升高，起初它会变成红色、橙色，也就是我们常说的铁被烧红了，此时铁发出的光线的色温较低；随着温度逐渐升高，它发出的光线逐渐变成黄色、白色，此时其色温升高；继续加热，温度大幅度升高后，铁发出了紫蓝色的光，此时其色温更高。

色温是专门用来量度和计算光线的颜色成分的方法，19世纪末由英国物理学家开尔文勋爵创立，因此色温的单位也用他的名字来命名——"开尔文"（简称"开"）。

低色温光源的特征是能量分布中红辐射相对多些，通常称为"暖光"；色温提高后，能量分布中蓝辐射的比例增加，通常称为"冷光"。

这样，我们就可以考虑将不同环境的照明光线用色温来衡量了。举例来说，早晚两个时间段，太阳光线呈现出红黄等暖色调，色温相对来说是偏低的；而到了中午，太阳光线变白，甚至有微微泛蓝的现象，这表示色温升高。相机作为一部机器，是善于用具体的数值来进行精准计算和衡量的，于是就有了类似于日光用色温值5500K来衡量这种设定。

色彩随着色温变化的示意图：自左向右，色温逐渐变高，色彩也由红色转向白色，然后转向蓝色

下表向我们展示了白平衡模式、测定时的色温值和适用条件的对应关系。表中所示为比较典型的光线与色温值的对应关系，这只是一个大致的标准，我们不能生搬硬套。例如，在早晨或傍晚拍摄，即便是在日光照射下，如果套用日光白平衡模式，所拍摄照片的色彩依然不会太准确。因为日光白平衡模式标示的是正午日光环境的白平衡标准，色温值在5500K左右；而早晚两个时间段，日光的色温值是要低于5500K的。至于设定了并不是十分准确的白平衡模式会导致什么样的后果，后面我们会详细介绍。

不同白平衡模式与环境光线色温的对应关系

白平衡模式	测定时的色温值	适用条件
日光白平衡	约5500K	适用于晴天除早晨和日暮时分室外的光线
阴影白平衡	约7000K	适用于黎明、黄昏等环境，或晴天室外的阴影处
阴天白平衡	约6000K	适用于阴天或多云的户外环境
钨丝灯白平衡	约3200K	适用于室内钨丝灯光线
荧光灯白平衡	约4000K	适用于室内荧光灯光线
闪光灯白平衡	约5500K	适用于相机闪光灯光线

6.1.3 白平衡的应用技巧

现实世界中，相机厂商只能在白平衡模式中集成几种比较典型的光线情况（如日光、荧光灯、钨丝灯等环境下的白色标准），而无法记录所有场景的光线情况。在没有对应白平衡模式的场景中，难道就无法拍摄到色彩准确的照片了吗？相机厂商采用了另外3种方式来解决这个问题。

1. 相机自动设定白平衡

尽管相机提供了多种白平衡模式供用户选择，但是确定当前使用的选项并进行快速的操作对于摄影初学者来说依然显得复杂和难于掌握。出于方便拍摄的考虑，相机厂商开发了自动白平衡（AUTO）功能，相机在拍摄时经过测量、比对、计算，自动设定现场光的色温。在通常情况下，使用自动白平衡功能可以比较准确地还原景物色彩，满足摄影者对图片色彩的要求。自动白平衡功能适应的色温范围为3500K～8000K。

⬆ 自动白平衡：白色优先

⬆ 自动白平衡：氛围优先

⬆ 对于大多数场景而言，使用自动白平衡功能都可以比较准确地还原色彩。选择自动白平衡的白色优先模式，相机会自动矫正可能出现的色偏。这是我们最常使用的白平衡设置。 光圈 f/11，快门速度 1/120s，焦距 49mm，感光度 ISO100

2. 摄影者手动选择色温

相机色温值的手动调整模式可以在2500K~10000K范围内进行调整。数值越高，得到的画面色调越暖；反之，得到的画面色调越冷。相机色温值的调整是依据对应光线的色温值来进行的：光线色温多少就调整相机色温值为多少，这样才能得到色彩正常还原的照片（许多专业的摄影者选择此种模式调整色温）。

⬆ 拍摄这张照片时，如果我们根据常识直接设为钨丝灯或荧光灯白平衡模式，那么就错了，因为照片中主要的光源是处于阴影部分的天空和江面的一些反射光线，所以将这张照片设为阴影白平衡模式更合适一些。这里设定色温为6500K进行拍摄，将场景色彩准确还原出来。 光圈f/13，快门速度7s，焦距16mm，感光度ISO200

3. 摄影者自定义白平衡

虽然后期可以对照片的白平衡进行调整，但是在没有参照物的情况下，很难将色彩还原为本来的颜色。在拍摄商品、书画、文物这类需要忠实还原与记录的对象时，为保证准确的色彩还原，不掺杂任何人为因素与审美倾向，摄影者可以自定义白平衡，以适应复杂光源，满足严格还原物体本身色彩的要求。

（见上页）在光源特性不明确的陌生环境中，如果希望准确记录被摄对象的颜色，可以使用标准的白板（或灰板）对白平衡进行自定义，确保拍摄的照片色彩准确。

光圈f/1.2，快门速度1/800s，焦距50mm，感光度ISO160

自定义白平衡的设定方法如下。

（1）寻找一张白纸或测光用的灰卡，然后设定手动对焦方式，并设定Av、Tv或M等模式。（之所以使用手动对焦方式，是因为自动对焦方式无法对白纸对焦。）

（2）对准白纸拍摄，并且要使白纸全视角显示，也就是说让白纸充满整个屏幕。拍摄完毕后，按回放按钮查看拍摄的白纸画面。

↑ 白纸

↑ 设定手动对焦

↑ 拍完的白纸照片

（3）按MENU按钮进入相机设定菜单，选择"自定义白平衡"选项，此时画面上会出现是否以此画面为白平衡标准的提示，按SET按钮，即设定了以所拍摄的白纸画面为当前的白平衡标准。

（4）在模式选择界面中选择"用户自定义"选项，就可以使用了。

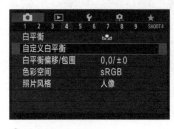
↑ 选择自定义白平衡

↑ 按SET按钮进行设定

↑ 选择"用户自定义"

6.1.4 色温与色彩的相互关系

如果是在钨丝灯下拍摄照片，设定钨丝灯白平衡模式可以拍摄出色彩准确的照片；在正午室外的太阳照明环境中拍摄照片，设定日光白平衡模式也可以准确还原照片色彩……这是我们之前介绍过的知识，即你只要根据所处的环境光线来选择对应的白平衡模式就可以了。但如果我们设定了错误的白平衡模式，会是一种什么样的结果呢？

我们通过具体的实拍效果来进行查看。下面是一个真实的场景，时间约为中午11:40，即准确色温在5500K左右。我们尝试使用相机内不同的白平衡模式拍摄，来看照片中色彩的变化情况。

↑ 钨丝灯白平衡模式拍摄：色温2850K

↑ 荧光灯白平衡模式拍摄：色温3800K

↑ 日光白平衡模式拍摄：色温5500K

↑ 闪光灯白平衡模式拍摄：色温5500K

↑ 阴天白平衡模式拍摄：色温6500K

↑ 阴影白平衡模式拍摄：色温7500K

　　从上述色彩的变化中，我们可以得出这样一个规律：相机设定的色温与实际色温相符合时，能够准确还原色彩；相机设定的色温明显高于实际色温时，拍摄的照片偏红；相机设定的色温明显低于实际色温时，拍摄的照片偏蓝。

6.1.5　创意白平衡的两种主要倾向

　　纪实摄影要求我们客观真实地记录世界，以再现事物的本来面貌。例如我们按照实际光线条件选择对应的白平衡模式，可以追求景物色彩的真实感。而摄影创作（如风光类摄影）则是在客观世界的基础上，运用想象的翅膀，创造出超越现实的美丽画面。摄影创作或许超越了常人对景物的认知，但它能够给观者带来美的享受和愉悦。通过手动设定白平衡，我们可以追求气氛更强烈甚至异样的画面色彩，强化摄影创作中的创意表达。

　　人为设定"错误"的白平衡模式，往往会使照片产生整体色彩的偏移，也就能获得不同于现场的别样效果。例如偏黄可以营造温暖的氛围、怀旧的感觉，偏蓝则使画面显得冷峻、清凉甚至阴郁。

⬆ 夜晚的城市中光线非常复杂，有钨丝灯、荧光灯，天空也会有一些照明，在如此复杂的光线下拍摄应该尽量让照片色彩往某一个方向偏移。面对这种情况建议设定较低的色温，让照片偏向蓝色，画面会非常漂亮。　光圈 f/11，快门速度 2s，焦距 164mm，感光度 ISO100

⬆ 日落时分，阳光穿过云层时的光影效果非常出色，但使用自动白平衡拍摄只能得到灰蒙蒙的光影效果，落日的金黄色暗淡了很多。若使用阴影白平衡模式拍摄，可以令落日的金黄色得到强化，画面的色彩感会更强烈。　光圈 f/18，快门速度 1/80s，焦距 18mm，感光度 ISO200

6.2 照片 ICC 配置文件

JPG格式的照片是RAW格式的原片经过压缩和优化后得到的，而为了适应不同的拍摄题材，相机厂商为JPG输出设定了不同的优化方式。佳能相机将JPG格式的照片的优化方式称为照片风格。

照片风格其实就是相机的ICC（International Color Consortium，国际色彩协会）配置文件，简称色彩管理文件，该文件是针对相机亮度和色彩修改的色彩管理文件。

例如，拍摄风光题材时，只要你设定ICC配置文件为风光，那在相机输出的JPG格式的照片中，绿色草地及蓝色天空等的颜色饱和度就会比较高，并且照片的锐度和反差也会较高，画面看起来会是色彩明快、艳丽的；而如果你设定ICC配置文件为人像，那相机输出的JPG格式的照片则会亮度稍高，而饱和度、反差等都相对较低，这样可以让人物的皮肤显得平滑白皙。

拍摄照片时，可以根据不同的拍摄对象或题材，设置与主题相切合的照片风格，如标准、人像、风光、中性等。

⬆ 选择好具体的照片风格之后，如果觉得照片在锐度、对比度、亮度、饱和度和色相方面仍不是太理想，可以进入调整菜单进行微调

⬆ 输出时默认设置为标准的照片风格，画面色彩相对平淡一些。光圈f/2.8，快门速度1/400s，焦距135mm，感光度ISO100

⬆ 设置风光照片风格后，画面色彩艳丽很多

（1）标准。使用标准风格拍摄的照片，画面色彩鲜艳、清晰、明快，可适用于大多数拍摄场景。也就是说，无论是风光摄影还是人像摄影，也无论是雪景摄影还是夜景摄影，都可以使用标准风格来获取照片。

（2）人像。人像风格的特色主要在于可以重点表现人物主体的肤色信息。使用人像风格拍摄的照片清晰、明快，使用此风格拍摄女性或小孩时效果非常明显。在人像拍摄模式下，照片风格默认为人像风格。同时，调整拍摄时的色调设定也能改变人物主体的肤色。

（3）风光：风光风格适宜于拍摄风景照片。对于用此风格拍摄的照片，画面中的蓝色调和绿色调非常清晰鲜艳，并且画面非常明快。在风景拍摄模式下，默认为风光风格。

（4）中性。使用中性风格拍摄的照片的色彩和画面柔和度都比较适中，获取的照片比较适宜于进行计算机后期处理。

（5）精致细节。使用精致细节风格拍摄的照片锐度较高，但反差、饱和度较低，这样有利于在确保画质锐利的前提下保留更多的细节。拍摄一些微距、静物类题材时可以考虑使用这一照片风格。

（6）单色。单色风格适用于拍摄黑白照片，可以记录画面冲击力很强的黑白影像。

6.3 曝光值对色彩的影响

明度是色彩三要素之一。在色彩中，加白或加黑都会让色彩的饱和度下降。在摄影领域，提高照片亮度（如拍摄时增加曝光值、后期处理时提高照片亮度等）就相当于加白，降低照片亮度就相当于加黑，这都会造成色彩饱和度的下降。明暗适中的照片，其色彩表现力最强。

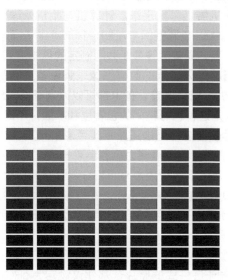

◀ 从图中可以看到，中间是不同的色彩，向上是加白，明度变高；向下是加黑，明度变低。但这两种变化都会让色彩的饱和度降低

在实际的应用当中，如果是拍摄人像写真，提高曝光值（前提是不会严重过曝）就相当于加白，色彩饱和度会降低，这样人物肤色就不会太深；同时人物皮肤会变亮，会显得白皙很多。

↑ 标准曝光值的色彩

↑ 高曝光值的色彩

6.4 当前主流的 3 种色彩空间

6.4.1 sRGB 色彩空间与 Adobe RGB 色彩空间

色彩空间对照片的色彩有一定影响，但在人眼可见的范围之内，我们几乎看不出差别。人眼对色彩的反应与计算机以及相机对色彩的反应是不同的。通常来说，计算机与相机对色彩的反应要弱

↑ 低曝光值的色彩

于人眼。因为这两者要对色彩抽样并进行离散处理，在处理过程中会损失一定的色彩，并且色彩扩展的程度也不够，有些颜色无法在机器上呈现出来。计算机与相机处理色彩的模式称为色彩空间，主要有两种，分别为 sRGB 色彩空间与 Adobe RGB 色彩空间。

sRGB 色彩空间是由微软公司联合惠普、三菱、爱普生等公司共同制定的色彩空间，使计算机在处理数码图片时有统一的标准。当前绝大多数的数码图像采集设备厂商都已经全线支持 sRGB 标准，在数码相机、摄像机、扫描仪等设备中都可以设定 sRGB 选项。但是 sRGB 色彩空间也有明显的弱点，主要是这种色彩空间的包容度和扩展性不足，许多色彩无法在其中显示，这样在拍摄照片时就会造成无法还原真实色彩的情况。也就是说，这种色彩空间的兼容性更好，但在印刷时的色彩表现力可能会差一些。

Adobe RGB 色彩空间是由 Adobe 公司在 1998 年推出的。与 sRGB 色彩空间相比，Adobe RGB 色彩空间具有更为宽广的色域和良好的色彩层次表现，在摄影作品的色彩还原方面更为出色。另外在印刷输出方面，Adobe RGB 色彩空间更是远优于 sRGB 色彩空间。

如果考虑所拍摄照片的兼容性（要在手机、计算机、高清电视等电子器材上显示统一色调风格），并将会大量使用直接输出的 JPEG 格式的照片，那建议设定为 sRGB 色彩空间。如果拍摄的 JPEG 格式的照片有印刷的需求，可以设定色域更为宽广一些的 Adobe RGB 色彩空间。

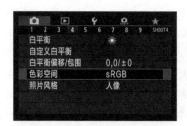

⬆ 从应用的角度来说，摄影者可以在相机内设定 Adobe RGB 色彩空间或 sRGB 色彩空间

如果摄影者具备较强的后期能力，将会对拍摄的 RAW 格式的照片进行后期处理后再输出，那在拍摄时就不必考虑色彩空间的问题了，因为 RAW 格式的照片会包含更为宽广的色域，远比相机内设定的两种色彩空间的色域要宽。摄影者在后期处理完照片之后，再设定具体的色彩空间输出就可以了。

6.4.2 你不知道的 ProPhoto RGB 色彩空间

之前很长一段时间内，如果我们对照片有冲洗和印刷等需求，那么建议在后期软件中，将色彩空间设定为 Adobe RGB 后再对照片进行处理，因为其色域比较宽；如果仅是在个人计算机及网络上使用照片，那将色彩空间设定为 sRGB 就足够了。随着技术的发展，当前较新型的数码相机及计算机等数码设备都支持一种我们没有介绍过的色彩空间——ProPhoto RGB。ProPhoto RGB 色彩空间是一种色域非常宽的色彩空间，其色域比 Adobe RGB 色彩空间宽得多。

RAW 并不是一种照片格式，而是一种原始数据，包含了非常庞大的颜色信息，如果将后期软件工作时的色彩空间设定为 Adobe RGB，是无法容纳 RAW 格式文件庞大的颜色信息的，会损失一定量的颜色信息；而使用 ProPhoto RGB 则不会，为什么呢？下图是多种色彩空间的示意图：我们可将背景的马蹄形色彩空间（Horseshoe Shape of Visible Color）视为理想的色彩空间，该色彩空间之外的白色为不可见区域；Adobe RGB 色彩空间虽然大于 sRGB 色彩空间，但依然远小于马蹄形色彩空间；与理想的色彩空间最为接近的便是 ProPhoto RGB 色彩空间了，足够容纳 RAW 格式文件所包含的颜色信息。在后期软件中将色彩空间设为 Prophoto RGB，再导入 RAW 格式文件，就不会损失颜色信息了。

用一句通俗的话来说，Adobe RGB 色彩空间的色域还是不够，不足以容纳 RAW 格式文件所包含的颜色信息，ProPhoto RGB 色彩空间才可以。

ProPhoto RGB 色彩空间主要是在数码后期软件 Photoshop 中使用。设定这种色彩空间，可以确保给 Photoshop 搭建一个近乎完美的色彩空间的处理平台，这样后续在 Photoshop 中打开其他色彩空间的照片时，就不会出现色彩

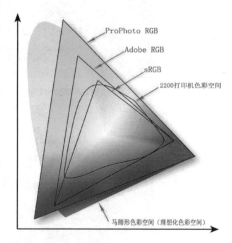

⬆ 多种色彩空间示意图

细节损失的情况了。（例如，Photoshop设定了sRGB色彩空间，那打开Adobe RGB色彩空间的照片处理时，就会因为无法容纳下Adobe RGB色彩空间的所有色彩，而溢出或损失一些颜色信息。）

RAW格式文件之所以能够包含极为庞大的原始数据，与其采用了更大位深度的数据存储是密切相关的。采用8位的数据存储方式，每个颜色通道只有2^8=256种色阶，而RAW格式的16位文件的每个颜色通道将有数万种色阶，这样才能容纳更为庞大的颜色信息。所以说，我们在Photoshop中将色彩空间设定为ProPhoto RGB后，只有同时将位深度设定为16位，才能让两种设定互相搭配，相得益彰；将位深度设定为8位是没有太大意义的。

唯一需要注意的是，在处理完照片并输出之前，应该将照片的色彩空间再次转为sRGB或Adobe RGB，以适应计算机显示或印刷的要求。

◀ ProPhoto RGB

◀ Adobe RGB

◀ sRGB

第7章

CHAPTER 7

佳能EOS微单相机镜头系统

专业相机之所以能获得专业摄影师和摄影爱好者的喜爱，与其高性能的镜头系统支持是分不开的。镜头的作用是成像，所成像投射到成像底片上，这样才有了我们拍摄的照片。

镜头的质量是相机成像的保证，它关系到摄影作品的清晰度、色彩甚至构图。了解镜头，就等于了解自己的"第三只眼睛"。镜头的外部结构为基本操作部分，内部基本结构是镜片、光圈、超声波对焦系统、防抖动（减震）系统等。

↑ 光圈f/2.8，快门速度7.5s，焦距10mm，感光度ISO200

7.1　焦距与镜头

凸透镜对光线有汇聚作用，如果光线是平行传输的，则汇聚的点称为焦点，凸透镜中心点到焦点的距离称为焦距。摄影学中的焦距是镜头的重要性能指标，镜头焦距的长短决定着拍摄的成像、视角、景深大小和画面的透视强弱。

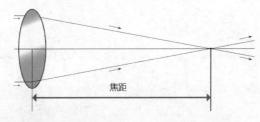

↑ 凸透镜、焦点与焦距的关系

相机对焦的原理类似于凸透镜成像，可以将镜头内的多组镜片等效为一面凸透镜，被摄物体发出的光线（注意，这里并不一定是平行光线）经过凸透镜会在其另一侧汇聚，汇聚的点即是被摄物体的成像位置（但要注意，汇聚的点并不是焦点位置，平行光线经过凸透镜后才汇聚于焦点）。这一位置还是相机感光元件所在的位置，如果被摄物体成像的位置偏离了感光元件所在的位置，则拍摄的照片就是虚的。调整镜头，使被摄物体成像清晰的过程，就是对焦过程。

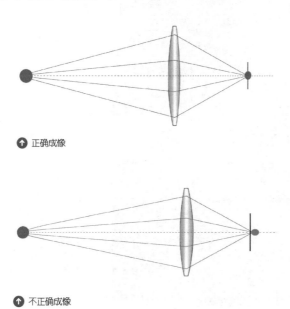

↑ 正确成像

↑ 不正确成像

根据光学原理，光线通过凸透镜后的成像位置位于凸透镜1倍焦距之外、2倍焦距之内，并且成像位置即是感光元件所在的位置，这时成像非常清晰。如果成像位置偏离了感光元件所在的位置，这时成像变得非常虚，比较模糊，即出现摄影时的对焦不准现象。

7.2 镜头分类详解

镜头有两种分类方式。第一种是根据是否可以改变焦距，分为定焦镜头与变焦镜头；第二种是根据焦距长短，分为广角镜头、标准镜头、长焦镜头、远摄镜头。

7.2.1 镜头分类一：定焦镜头与变焦镜头

定焦镜头是指焦距不可以变化的镜头，镜头不可伸缩。使用定焦镜头时，当我们确定了拍摄距离，则拍摄的视角就固定了，如果要改变视角画面，就需要摄影者移动位置。这也是定焦镜头明显的劣势。但是，定焦镜头有很多优点。

（1）定焦镜头的光学品质更出众。

（2）定焦镜头一般都拥有更大的光圈。

（3）定焦镜头一般重量轻，更便于携带。

使用85mm定焦镜头拍摄的画面，画质细腻出众。 光圈f/1.4，快门速度1/640s，焦距85mm，感光度ISO100

　　与定焦镜头相对的是变焦镜头。使用变焦镜头，可以通过调节焦距来调整被摄物体的画面视角。摄影者不需要移动位置，取景范围可以从广角到长焦任意调整，拍出的摄影作品具有多样性。使用的时候不用经常换镜头，便可将拍摄画面拉远拉近，非常方便。现在的变焦镜头的光学品质越来越高，而且我们可以选择的变焦镜头涵盖了从超广角镜头到超望远镜头的各种焦段。虽然与定焦镜头相比，变焦镜头所拍摄的画面质量会有一点欠缺，但是随着技术的发展，现在专业级变焦镜头在光学品质方面几乎能够和定焦镜头相媲美。

变焦镜头成像（内外两个区域分别为不同焦距成像视角）

⬆ 当前高性能变焦镜头的画质已经非常理想，并且在狭小的拍摄空间内可以有更多的拍摄视角。 光圈 f/16，快门速度4.3s，焦距36mm，感光度ISO200

7.2.2 镜头焦距、等效焦距与视角

　　视角指的是镜头取景涵盖的范围，用代表角度的扇形表示。视角一般指的是水平方向角度，相机镜头的焦距和视角关系密切。佳能EOS微单相机拥有高性能并且配有较多的镜头，其目的就是尽量涵盖大范围的视角，拍摄时能有选择地使用。左图是全画幅相机在不同焦段下的视角范围。

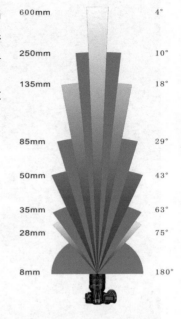

600mm — 4°
250mm — 10°
135mm — 18°
85mm — 29°
50mm — 43°
35mm — 63°
28mm — 75°
8mm — 180°

● 焦距与成像视角

　　以上视角是以全画幅相机搭载相应焦距的镜头为标准来界定的，如果是APS画幅相机，那同样焦距下画面的视角要小一些。例如，全画幅相机的视角是APS-C画幅相机视角的1.5倍，那全画幅相机搭载50mm焦距镜头的视角为43°，APS-C画幅相机就需要搭载35mm焦距的镜头才能实现43°的视角。也就是说，APS-C画幅相机搭载35mm焦距的镜头，在全画幅相机中的等效焦距是50mm。

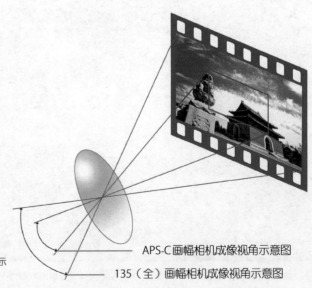

● 全画幅相机与APS-C画幅相机成像视角示意图

APS-C画幅相机成像视角示意图

135（全）画幅相机成像视角示意图

1.广角镜头的特点及使用

广角镜头是指焦距在35mm及以下的镜头（以全画幅相机为基准），这种镜头的取景视角都很大，所以能够比一般镜头涵盖更多的拍摄范围，进而呈现出不同于一般镜头的宽阔效果。但也因为广角镜头具有这样的特点，在使用时必须注意构图取景，以免拍入太多的杂物。焦距在24mm以下的镜头可以称为超广角镜头，常见的如佳能的11-24mm镜头、尼康的14-24mm镜头等。

广角及超广角镜头的焦距很短，视角较大，透视（近大远小、近处清晰远处模糊）性能好，比较适合拍摄较大场景的照片，如拍摄建筑、风景等题材。用此类镜头拍摄时，景物会被缩小，焦距越短，视角越大。

↑ 使用超广角镜头拍摄的画面。 光圈 f/8，快门速度 1/20s，焦距 14mm，感光度 ISO100

2.标准镜头的特点及使用

标准镜头指接近人眼视角的镜头，视角大小为42°~63°，焦距为35mm~58mm，接近相机画幅对角线的长度。在画幅为24mm×36mm的全画幅相机上，感光元件的对角线约为43mm，那么焦距接近43mm的镜头都可称为标准镜头，后约定俗成为50mm(也有以40mm、58mm作为标准镜头的)。

标准变焦镜头则指的是涵盖标准镜头视角、部分广角镜头视角和中焦镜头视角的最为常用的多焦距段镜头，常见的标准变焦焦段有24-70mm、24-105mm、24-85mm等。在感光元件尺寸不同的相机上，焦段的划分也是有所差别的。标准镜头的视角最接近人眼，因而拍摄到的影像令人感到亲切平实，下图为使用焦距为56mm的镜头拍摄的画面效果。

标准镜头犹如人眼的延伸，其光学特性也与人眼相似，不会像广角镜头那样有变形的问题，或像长焦镜头那样改变景物远近的效果，这样的特性正好用来训练摄影初学者的观察能力。

➡ 使用标准镜头拍摄的画面效果。 光圈f/2.2，快门速度1/300s，焦距56mm，感光度ISO160

3.长焦镜头的特点及使用

当镜头的拍摄视角小于标准镜头的视角，也可以大致认为焦距超过50mm时，这样的镜头称为长焦镜头。一般情况下，使用长焦镜头拍摄可以把远处的景物拉近，效果就像景物在我们眼前一样，所以在离被摄主体较远的场景下，例如体育摄影、野生动物摄影等，它经常用于表现被摄主体的特写画面，表现远处景物的细节。

使用长焦镜头拍摄更容易获得极浅的景深效果，有利于突出被摄主体。这种镜头具有明显的压缩空间纵深距离和夸大后景的特点。

➡ 利用长焦镜头拍摄的海鸟。 光圈f/10，快门速度1/2000s，焦距148mm，感光度ISO400

视角小于18°的镜头就可以称为远摄镜头，因为视角小、取景范围小，常用于远距离物体的拍摄。常见的焦距有200mm、300mm、500mm、600mm、1200mm。常见的变焦镜头多涵盖中长焦变焦焦段，如70-200mm、100-300mm等，还有部分超长焦变焦焦段，如170-500mm等。

⬆ 使用长焦镜头拍摄可以拉近远处的景物。　光圈f/18，快门速度1/320s，焦距100mm，感光度ISO200

7.3 镜头重要指标

我们在查看一支镜头的参数时，会发现有镜头的镜片为多少组多少片的标志。例如，某支镜头的镜片为13组18片，这就是说这支镜头共有18片镜片，这18片镜片又分为13个镜头组，有的为1片成组，有的为2片成组，以实现不同的功能。目前任何一支镜头都不可能由一片镜片组成，标准镜头和功能型附加镜头都是如此。一支镜头往往是由多片镜片构成，根据需要这些镜片又会成组，从而把被摄主体尽可能清晰、准确地还原。由于不同厂商、不同产品采用的技术是不同的，因此绝不能简单地认为镜片的数目会决定着镜头的成像质量，两者其实没有必然联系。

除镜片的数目之外，镜头的材质也是镜头的一个重要技术指标。目前镜头的材质一般可以分为两类，分别为玻璃和塑料。这两种材质是和镜头生产商所采用的技术及其特点有关的，并无优劣之分。当然这两种材质的镜头也都有各自的特点，例如玻璃镜头更为沉重，塑料镜头相对要轻巧轻便一些。在市场上，富士品牌的镜头多采用塑料，而蔡司、尼康等品牌的镜头则以玻璃为主。

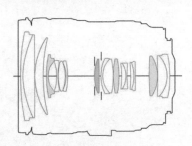

⬆ 镜头内结构示意图（13组18片）

7.3.1 镜头口径：适配不同滤镜

镜头口径指的是镜头最前端镜筒的直径。镜头的规格不同，镜筒的直径就有差别，镜头口径也就有差别，常见的镜头口径规格有 ∮49、∮52、∮56、∮58、∮72、∮77等。需要注意的是在购买多支镜头时应考虑镜头口径的统一性，多支镜头口径统一，购买和使用滤镜等附件会方便很多。设计师在设计镜头时往往尽量统一相同档次的镜头口径，其目的是使滤镜等附件实现通用。

7.3.2 最近对焦距离：微距摄影的重要参数

镜头对焦距离指示标记部分最小的数字就是镜头的最近对焦距离，分别用米和英尺（1英尺≈0.3米）两种单位表示。这一距离从相机的合焦平面（也就是感光元件成像的位置）算起。最近对焦距离也是镜头性能的重要指标，对于大部分镜头来说，最近对焦距离越近，镜头的拍摄能力就越强。拍摄时，当对焦距离小于最近对焦距离时，相机就无法聚焦。

7.3.3 RF卡口与法兰距

单反相机可以更换镜头，但这就会产生一个新的问题——镜头要对上相机的接口，也就是卡口。卡口有大小尺寸，也有一些特定的电子触点用于信号的传输，但不同厂商设计的卡口是有差别的。例如佳能的卡口往往有EF、RF、EF-S和EF-M等。除卡口尺寸大小要合适之外，还有另外一个关键指标，即法兰距。对机身而言，法兰距是指卡口到合焦平面（即感光元件所在的平面）的距离。只有卡口与法兰距均符合条件，镜头才能与机身连接在一起，实现拍摄功能。

由此我们就可以知道，如果将一个品牌的镜头接在另一个品牌的机身上，是无法拍照的；除非镜头品牌专为机身品牌量身定做镜头，或是使用特定的转接环进行转接。

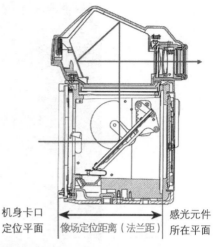

机身卡口   像场定位距离（法兰距）   感光元件
定位平面   所在平面

⬆ 法兰距示意图

7.3.4 镜头性能曲线：快速了解镜头画质

MTF（Modulation Transfer Function，调制传递函数）是目前最精确的镜头性能测试方法。虽然这种方法无法测试镜头的边角失光和防眩光特性，但可以对镜头的解像力和对比度等进行测试并有一个直观的概念，因此MTF图可以作为选择镜头的一个重要参考指标。

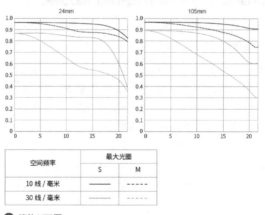

空间频率	最大光圈	
	S	M
10 线 / 毫米	——	- - - -
30 线 / 毫米	——	- - - -

⬆ 镜头MTF图

为了显示镜头在最大光圈和最佳光圈（f/8）下的效果，MTF图通常会包含2组数据，也就是在镜头最大光圈和f/8时的8条线。图表的横轴表示从中心向边角的距离，单位是mm，最左边是镜头中心，最右边是镜头边缘；图表的纵轴表示镜头素质。4条黑线表示镜头在最大光圈时的MTF值，4条蓝线表示光圈在f/8时的MTF值。粗线倾向于表示镜头的对比度数值，细线则倾向于镜头的解像力数值。实线和虚线的区别为：实线表示的是镜头纬向同心圆的相关数值，而虚线表示的是镜头径向放射线的相关数值。对于镜头来说，MTF曲线越平越好、越高越好，越平说明镜头边缘和镜头中心成像越一致，越高说明镜头的解像力和对比度越好。

➡ 使用近摄环转接EF镜
头拍摄的微距画面。 光圈
f/6.3，快门速度1/320s，焦
距100mm，感光度ISO800

7.4 风光摄影的佳能 EOS 微单相机配镜方案

在风光摄影中，摄影者会面对各种远近不同的景致，那么镜头焦段往往要涵盖从超广角到远摄的较大范围。具体来说，从14mm到400mm都会经常用到。但厂商很少提供过大变焦比的单一镜头，因为那样成像质量会严重下降。要实现14mm到400mm的大范围焦段覆盖，可能就要准备多支不同焦段的镜头，以满足不同的拍摄需求。

为了避免焦段重合并节省成本，合理的配镜方案就非常重要了。对于风光摄影来说，根据个人经验，有以下3种主流的配镜方案。

配镜方案1：大三元镜头＋特殊用途镜头。

大三元镜头涵盖了从15mm到200mm的大焦段范围，并且成像质量非常高，能够满足绝大多数的拍摄需求。所谓特殊用途镜头，是指一些用于拍摄人像的定焦镜头，还包括微距、鱼眼镜头等，它们常用于拍摄特定题材。

（1）RF 15-35mm F2.8 L IS USM镜头。

（2）RF 24-70mm F2.8 L IS USM镜头。

（3）RF 70-200mm F2.8 L IS USM镜头。

但这种配镜方案会有3个明显的缺陷。

（1）大三元镜头的售价非常高，3支镜头加起来总价要超过3万元；如果是无反镜头，其总价则会超过4万元。

（2）高性能变焦镜头往往重量较大。

（3）缺少200-400mm焦段，在拍摄一些特殊场景时，我们可能需要使用这个焦段的镜头。

⬆ 使用焦距为344mm的镜头拍摄的满月。配镜方案1就会缺少这一焦段。　光圈 f/8，快门速度 1/10s，焦距 344mm，感光度 ISO800

配镜方案2：小三元镜头。

在风光摄影中，大部分情况下其实并不需要使用太大的光圈，那厂商所提供的小三元镜头就是性价比非常高的选择了，能够在花费较小的情况下依然覆盖足够大的焦段范围，并且画质比较理想。

（1）RF 14-35mm F4 L IS USM镜头。

（2）RF 24-105mm F4 L IS USM镜头。

（3）RF 70-200mm F4 L IS USM镜头。

但这种配镜方案的缺点也比较明显。

（1）功能相对单一，无法兼顾偶尔的人像拍摄。

（2）无法拍摄一些特殊的星空等题材。

（3）缺少200-400mm焦段。

⬆ 拍摄星空等弱光题材，最好使用光圈不小于f/2.8的镜头。本画面便是使用16-35mm f/2.8镜头拍摄的。 光圈f/2.8，快门速度8s，焦距24mm，感光度ISO4000

配镜方案3：24-105mm+100-400mm。

从某种意义上来说，配镜方案3是最理想的风光摄影配镜选择，涵盖了从超广角到远摄的各个焦段，以满足各种不同场景的风光摄影需求。

（1）RF 14-35mm F4 L IS USM镜头。

（2）RF 24-105mm F4 L IS USM镜头。

（3）RF 100-500mm F4.5-7.1 L IS USM镜头。

这种配镜方案的缺点也同样明显，主要是无法兼顾人像写真、微距、室内商品静物等拍摄需求，功能相对单一。

7.5 人像摄影的佳能 EOS 微单相机配镜方案

这里所说的人像摄影，主要是指人像写真。

人像写真对于人物肤色、肤质的细节要求非常高，也就是对镜头画质的要求特别高。从这个角度来看，具备最佳画质的各焦段定焦镜头是必不可少的。也就是说，如果条件允许，首先要配全大三元镜头，因为在拍摄多动的儿童时，变焦镜头会更好一些。

对于美女写真，35mm、50mm、85mm，甚至135mm的超大光圈定焦镜头是必不可少的。

⬆ 借助于85 mm焦距、f/1.2超大光圈定焦镜头拍摄的人像，画面整体色彩还原准确，对焦位置的画质非常锐利清晰。 **光圈 f/1.4，快门速度1/320s，焦距85mm，感光度ISO100**

第8章

佳能EOS微单相机附件
的选择与使用

在只有相机的情况下，我们是无法拍摄一些特定题材的。简单地说，要得到慢门效果，就必须借助三脚架，而要长途跋涉，一款合适的摄影包又是必不可少的。也就是说，在购买了佳能 EOS 微单相机之后，我们还需要配置一些摄影配件。对于这些配件，我们首先要搞清楚它们是怎样使用的，哪些是必须购置的，哪些是根据实际需要而选购的，不必一股脑地全部买下，造成不必要的浪费。

光圈 f//7.1，快门速度 1/2000s，焦距 9mm，感光度 ISO100

8.1 摄影包选择要点

选择一款专业的摄影包存放、携带并保护相机是非常必要的，这样可以更方便、安全地携带相机。

1. 容积

如果摄影者配置有从广角到长焦的多支镜头以应对不同场景，再加上机身和其他附件，摄影包必须有足够的容积才能装下整套器材。这里给大家一个非常有价值的建议，一定要购买稍大一点的双肩包，最好是能容纳两机、两镜，否则随着你对摄影逐渐熟悉，器材增加后你会发现摄影包很快就不够用了，需要更换，这样你之前花数百元购买的摄影包就浪费了。我身边有很多学摄影的朋友，前后换过多次摄影包，都是因为之前的容积不够。

2. 双肩包还是单肩包

双肩包普遍容积较大，可以减轻长途跋涉的负担。单肩包通常容积较小、机动性强，便于取放器材，但是防护性较弱。如果你决定长期发展摄影这个爱好，那就不必考虑单肩包了，直接购买一个双肩包吧。

3. 选购

一般来说，乐摄宝、国家地理等品牌的摄影包的性能和质量都非常好，价格也相应要高一些，所谓"一分钱一分货"就是这个道理。而像天域这类品牌的摄影包，就是针对发烧友级别的，性能出众，但售价非常高。

↑ 斜挎式单肩摄影包

选购摄影包，个人的建议是到摄影器材城，找到专门卖摄影包的门店购买。要注意，同时销售多种不知名品牌的店面不要考虑，最好到专业销售某单一品牌的店面，他们大多是厂家设立的销售点，价格会低很多。

↑ 天域双肩包

8.2 常见滤镜

滤镜是镜头的重要附件，除了起保护作用外，还能滤除光线中的特定波长或阻挡部分光线，以改变曝光量，得到特殊的画面效果。由于滤镜在光线成像的光路中，因此滤镜的光学品质对相机的成像有着不可忽视的影响。滤镜大多由玻璃制成，高品质的滤镜不仅使用光学玻璃制造，还进行了特殊的镀膜处理，以尽量减少对光学成像品质的负面影响。

8.2.1 UV镜：滤除紫外线并保护镜头

UV镜是最常用的保护镜之一，在保护镜头的同时还起到滤除紫外线的作用，可以避免尘土或水汽进入镜头造成污损，在受到意外磕碰时更能起到物理防护的作用。

↑ 为了不影响镜头的成像品质，应选择优质的UV镜

8.2.2 偏振镜：消除杂乱光线

偏振镜采用了偏振光的原理。在风光摄影中，偏振镜最大的功能就是可以将天空变得更蓝。偏振镜还可以滤除水面、叶片等物体的部分杂乱反射光，令画面色彩准确还原、色彩饱和度更高。由于其外层偏振镜片需要做成可旋转的结构，因此有些偏振镜做得比较厚，当配合超广角镜头时可能会造成暗角。如果需要配合超广角镜头使用，用户需要购买超薄型的偏振镜。

↑ 圆形偏振镜

↑ 旋转偏振镜，尽量去掉更多水面反光，让近处地面景物的色彩饱和度更高；对天空也是如此。　光圈 f/10，快门速度 1/160s，焦距 14mm，感光度 ISO100

8.2.3 渐变镜：调匀场景光比

拍摄风光（特别是日出日落的景观）时，经常会遇到天空和地面光比过大的情形。由于最暗处与最亮处的对比极大，很可能超出数码相机的宽容度范围，因此拍摄时很难使整个画面的所有位置都得到适度的曝光，导致最终拍摄的照片损失层次和细节。

这时可选择中灰渐变镜，利用它来压暗较亮的天空部分。渐变镜亮暗部分的过渡是逐渐变化的，因此不会在照片上留下明显的遮挡痕迹。

↑ 圆形中灰渐变镜

↑ 一般拍摄偏逆光的题材，而又将天空纳入取景范围时，如果要让天空曝光正常，那么地面景物势必会曝光不足。而使用渐变镜可以完美地解决这一问题，让画面的曝光更加均匀，使画面呈现出更多的细节。 光圈 f/8，快门速度 1/125s，焦距 107mm，感光度 ISO100

8.2.4 中灰镜：延长快门时间

中灰镜又称中灰密度镜，简称ND镜，由灰色透明的光学玻璃制成。中灰镜对光线起到部分阻挡的作用，可降低通过镜头的光量来影响曝光。

↑ 中灰镜

根据阻挡光线能力的不同，中灰镜有多种密度可供选择，如ND2、ND4、ND8等，它们对曝光组合的影响分别为延长1挡、2挡、3挡快门时间。有了中灰镜的辅助，我们在光线较强的时候也可以使用大光圈或者慢速快门拍摄，这不仅丰富了表现手段，还可以做到更精准的景深控制。

↑ 使用中灰镜将快门时间延长到5s，云海的形态会完全改变，如丝绸一般展开。 光圈f/11，快门速度5s，焦距16mm，感光度ISO100

多片中灰镜可以组合使用，不过需要注意的是，由于其位于光路上，中灰镜对成像质量会有一定的影响，多片中灰镜组合后影响就更为显著；如非必要，不建议这样使用。

8.3　三脚架与快门线

1. 三脚架的结构

在光线较暗的场景中拍摄时，相机曝光时间往往较长，手持相机拍摄是无法拍出清晰的照片的。例如拍摄夜景时，如果没有三脚架，则根本无法拍摄。进行微距摄影、精确构图摄影时，也必须有三脚架的辅助，否则轻微的相机抖动就会导致无法拍到理想的照片。

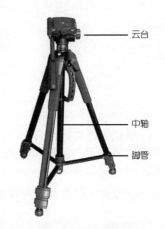

云台

中轴

脚管

➡ 三脚架的结构

（1）脚管。三脚架的每一条腿都是由数节粗细不等的脚管套叠而成的，大多为3~4节。每条腿的节数越少，三脚架的整体稳固性越强，缺点是收合之后的长度也较大，便携性较低。

（2）中轴。中轴负责衔接三脚架主体和云台，并可以快速调节相机的高度。有些三脚架的中轴设计为可以倒置安装，可以将相机降至接近地面，在拍摄特殊题材时非常方便。需要注意的是，虽然可以通过升降中轴来调节相机的高度，但是在中轴升至最高时，三脚架的整体稳固性会降低。

（3）云台。相机安装在云台上，可以快速调节拍摄角度和方向。根据结构不同，云台可以分为两大类：三维云台与球形云台。三维云台调整精度高，操作灵活。不同类型的云台具有不同的结构特点，并有各自的适用范围。例如风光摄影和商业摄影注重构图的严谨与精确，多选择三维云台；人像摄影与体育摄影重视瞬间的抓取和应用的灵活，因此多选择球形云台。

⬆ 三维云台

⬆ 球形云台

2. 三脚架的选择要点

常见的三脚架脚管材质主要有铝合金和碳纤维两种。优质的铝合金三脚架脚管强度高，结实耐用，价格也相对较低，缺点是自重较大。碳纤维材质的三脚架轻便结实，缺点是价格高，携带和托运时要格外注意，不能受重压。

无论是哪种三脚架，对于摄影者来说，选择的第一标准都应该是稳定。轻便但不稳定的三脚架对摄影来说没有任何用处。

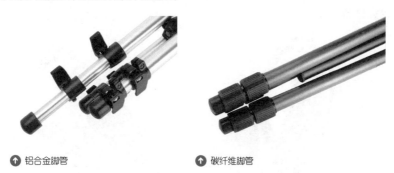

↑ 铝合金脚管   ↑ 碳纤维脚管

在能力允许的范围内应尽可能选择优质品牌的三脚架，如徕图（国产品牌）、捷信（进口品牌）等，这些三脚架往往能在确保轻便的前提下尽量确保稳定性。

➡ 利用微距镜头拍摄花蕊，使用三脚架可以确保画面清晰、细节分明。 光圈 f/2.8，快门速度 1/320s，焦距 100mm，感光度 ISO100

3. 快门线

三脚架能够稳定拍摄中的相机，但在一些曝光较长时间的场合，用手按快门按钮仍然会造成相机的抖动，此时最好使用快门线来控制。

购买快门线不要图省钱，也不要迷信原厂。我的建议是购买副厂生产的、功能多一些的快门线，并且这类快门线的售价非常低。举例来说，如果你的快门线具备定时、延时拍摄等功能，那在拍摄夜景星轨等题材时就非常方便；如果你的快门线能够遥控操作，那也会比较方便。

⬆ 在购买快门线时应该注意，不同的机型要使用对应型号的快门线，要注意观察快门线外包装上的适用机型等标注

⬆ 鉴于原厂快门线价格偏高，且性能并不算太出色，摄影者可以考虑购买功能强大、性能出众、价格低的副厂产品

⬆ 使用慢速快门拍摄风光时，仅有三脚架是不够的，快门线也是必备附件。　光圈 f/7.1，快门速度30s，焦距22mm，感光度 ISO100

8.4　存储卡与读卡器

数码相机存储照片数据的载体是存储卡，常见的存储卡一般有SD卡、SM卡、CF卡、记忆棒等。相对于传统相机的胶卷，数码相机的存储卡体积更小、照片存储量更大，并且使用比较方便，可以随时将照片数据导入计算机，然后重复使用。佳能EOS R5（R6）相机采用了双SD卡设计。

SD卡的主流容量为8GB～1TB，且1TB远不是SD卡的容量极限，未来还会出现容量更大的SD卡。

购买SD卡时需要注意，低速的SD卡不能流畅地支持全高清、4K等摄像功能，最好选择高速的SD卡，这样在拍摄视频时才不会出现卡顿现象。

→ 读取速度为300MB/s、写入速度为280MB/s的存储卡

数码相机的标准配件包含一根USB数据传输线，可以将相机与计算机相连，用于将存储卡中的数据传输到计算机中。但是，有些相机和计算机连接需要安装驱动程序，使用起来不大方便，如果需要经常在不同的计算机上传输数据，建议购买一个读卡器。

读卡器是一种专用设备，有插槽可以插入存储卡，有端口可以连接到计算机。把适合的存储卡插入插槽，端口与计算机相连并安装所需的驱

↑ 将读卡器插入计算机

动程序之后，计算机就把存储卡当作一个可移动的存储器，从而可以通过读卡器读写存储卡。

市面上的读卡器有单一型读卡器和多合一读卡器两种类型，单一型读卡器价格低、体积小，但只能读取一种特定类型的存储卡。

其实更多的读卡器具有多合一读卡功能，可以从数码相机常用的存储卡中读取数据。

↑ 单一型读卡器

↑ 多合一读卡器

第9章

照片好看的秘密：构图
与用光

9.1 构图决定一切

9.1.1 黄金构图及其拓展

学习摄影构图，黄金构图法（以下称为黄金构图）是必须掌握的构图知识，因为黄金构图是摄影学中最为重要的构图法则，并且许多其他构图法则都是由黄金构图演变或简化而来的。而黄金构图又是由黄金分割演化而来的。黄金分割据传是古希腊学者毕达哥拉斯发现的一条自然规律，即在一条直线上，将一个点置于黄金分割点上时，该直线给人的视觉感受最佳。黄金分割理论比较复杂，这里只对摄影构图中常用的实例进行讲解。

"黄金分割"公式可以用一个正方形来推导，将正方形的一条边二等分，取中点x，以x为圆心、线段xy_1为半径画圆，其与底边延长线的交点为z点，这样可将正方形延伸并连接为一个矩形，且$A{:}C{=}B{:}A{=}5{:}8$。在摄影学中，35mm胶片幅面的比率正好非常接近这种5:8的比率，因此可以比较完美地利用黄金构图。

通过上述推导可得到一个被认为很完美的矩形，在这一矩形中，连接该矩形的左上角和右下角得到对角线；然后从该矩形的右上角向y点作一线段交于对角线，这样就把矩形分成了3个不同的部分。根据这3个区域安排画面中各个不同平面的方式，即为比较标准的黄金构图。

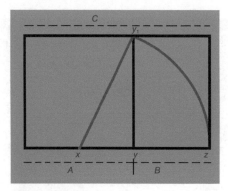

⬆ 绘制经典黄金分割

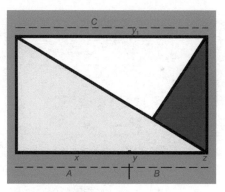

⬆ 按照黄金分割确定的3个区域

⬆ 黄金分割案例

　　但在具体应用当中，以如此复杂的方式进行构图太麻烦了，并且大多数景物的排列也不会如经典的黄金构图一样。其实从黄金构图的图形中，我们可以发现中间分割3个区域的点非常醒目，处于视觉中心的位置，如果主体位于这个点上则很容易引人注目。在摄影学中，这个位置便被大家称为黄金构图点。

↑ 画面中的主体位于黄金构图点上，非常醒目。 光圈 f/8，快门速度 1/500s，焦距 105mm，感光度 ISO100

9.1.2　万能三分法

在拍摄一般的风光时，地平线通常是非常自然的分界线。常见的地平线分割方法有两种：一种是地平线位于画面的上半部分，即天空与地面的比例是1:2；另一种是地平线位于画面的下半部分，这样天空与地面的比例就变成了2:1。选择天空与地面的比例时，要先观察天空与地面上哪些景物最有表现力，一般情况下，天气不是很好时天空会比较乏味，这时应该将天空放在画面的上1/3处。使用三分法构图时，可以根据色彩、明暗等的不同，将画面自然地分为3个层次，这恰好适应了人的审美观念。过多的层次（超过3个层次，如4个及以上）会使画面显得烦琐，也不符合人的视觉习惯，过少的层次又会使画面显得单调。

⬆ 这种三分法构图是非常简单、漂亮的构图形式。　光圈f/8，快门速度1/640s，焦距105mm，感光度ISO100

9.1.3　对比构图好在哪儿

对比构图把被摄对象的各种形式要素间不同的形态、数量等进行对照，可使其各自的特质更加明显、突出，对观者的视觉感受有较大的刺激，易使感官兴奋，造成醒目的效果。通俗地说，对比构图就是有效地运用异质、异形、异量等差异的对列。对比构图的形式是多种多样的，在实际拍摄当中，我们结合创作主题进行对比拍摄可以获得非常精彩的画面。

1. 明暗对比构图

摄影画面是由光影构成的，因此影调的明暗对比显得尤为重要。使用明暗对比构图时需要掌握正确的曝光条件，对相机进行曝光控制，通过表现主体、陪体、前景与背景的明暗度来强调主体的位置与重要性。使用明暗对比构图时，画面中亮部与暗部的明暗对比反差很大，但又要保留暗部的部分细节，因此摄影者在对画面曝光时应慎重选择测光点的位置。

 将较暗的背景与明亮的主体进行对比，既强调了主体的位置，又通过明暗对比营造出了一种强烈的视觉效果。 光圈 f/8，快门速度 1/2000s，焦距 180mm，感光度 ISO100

2. 远近对比构图

远近对比构图是指利用画面中主体、陪体、前景以及背景之间的距离感来强调突出主体。多数情况下，主体会处于离镜头较近的位置，观者的视觉感受也是如此。由于需要突出距离感，而主体又需要清晰地表现出来，因此拍摄时焦距与光圈的控制比较重要，焦距过长会造成景深较浅的情况，光圈过大也是如此，并且在这两种状态下对焦很容易跑焦，如果主体模糊，画面就会失去远近对比的意义。

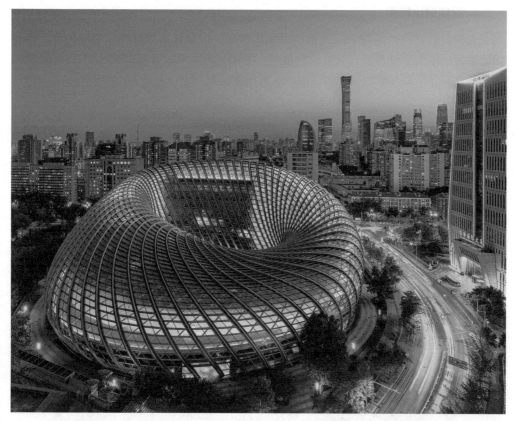

↑ 画面中近处的建筑较大，与远处较小的建筑形成对比，既符合人眼的视觉规律，又增加了画面的故事性。 光圈 f/6.3，快门速度 1.6s，焦距 19mm，感光度 ISO100，曝光补偿 -0.3EV

3. 大小对比构图

　　摄影画面中，体积大小不同的物体会产生对比效果。大小对比构图是指在构图取景时特意选取大小不同的主体与陪体，形成对比关系，取景的关键是选择体积小于主体或视觉效果较弱的陪体。按照这一规律，长与短、高与低、宽与窄的对象都可以形成对比。

↑ 外形相同的主体对象的大小对比可以使画面更具观赏性。 光圈 f/2.8，快门速度 20s，焦距 14mm，感光度 ISO2000

4. 虚实对比构图

人们习惯把照片的整个画面都拍得非常清晰，但是许多照片并不需要如此，而是要让画面的主要部分清晰、其余部分模糊。在摄影画面中，让模糊部分衬托清晰部分，清晰部分会显得更加鲜明、更加突出。这就是虚实相间，以虚映实。

⬆ 虚实对比构图多利用虚化的背景及陪体等来突出主体的地位。 光圈 f/5.6，快门速度1/350s，焦距45mm，感光度ISO100

9.1.4 常见的空间几何构图形式

前面我们介绍了大量的构图理论与规律，可以帮助读者进一步掌握构图原理，拍摄出漂亮的照片。除此之外，使景物的排列按照一些字母或其他结构来组织的几何构

图也比较常见，如对角线构图、三角形构图、S形构图、V形构图等。这类构图形式符合人眼的视觉规律，并且能够额外传达出一定的信息。例如，采用三角形构图形式的照片除可表现主体的形象之外，还可以有一种稳固、稳定的心理暗示。

⬆ 对角线走向的线条让画面既富有动感，又具有韵律美。 光圈 f/8，快门速度 1.6s，焦距 14mm，感光度 ISO400

⬆ V形构图在拍摄城市时比较常见，它可以形成稳定的支撑结构，是冲击力十足的构图形式。 光圈 f/11，快门速度 1/320s，焦距 15mm，感光度 ISO400

⬆ S形构图能够为风光照片带来一种深度上的变化，让画面显得悠远、有意境，且可以强化照片的立体感和空间感。　光圈 f/8，快门速度1/500s，焦距81mm，感光度ISO200

↑ 三角形构图的形式比较多，有用于体现主体和陪体关系的连点三角形构图，也有主体形状为三角形的直接三角形构图，并且三角形的上下位置存在差异。正三角形构图是一种稳定的构图形式，如同三角形的特性一样，象征着稳定、均衡；而倒三角形构图正好相反，刻意传达出不稳定、不均衡的意境。具体是采用正三角形还是倒三角形，要根据现场拍摄场景的具体情况来确定。例如上图中山峰的形状为正三角形，就是一种稳定的象征。 光圈 f/1.4，快门速度 5s，焦距 24mm，感光度 ISO10000

9.2 光影的魅力

9.2.1 光的属性与照片效果

1. 直射光摄影分析

　　直射光是一种比较明显的光源，照射到被摄物体上时会使其产生受光面和阴影部分，并且这两部分的明暗反差比较强烈。选择直射光进行摄影非常有利于表现景物的立体感，能够勾画景物的形状、轮廓、体积等，并且能够使画面产生明显的影调层次。

一般在白天晴朗的天气里，自然光照明条件下，大多数摄影画面中都不是只有单一直射光照明，总会有各种反射、折射、散射的混合光线影响景物的照明，但由于太阳直射光的照明效果最为明显，因此可以近似地看为直射光照明。

严格地说，光线照射到被摄物体上时会产生3个区域。

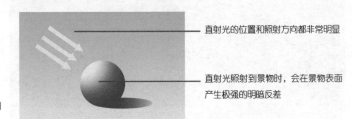

直射光的位置和照射方向都非常明显

直射光照射到景物时，会在景物表面产生极强的明暗反差

硬调光多用来刻画物体的轮廓、图案、线条，或表现刚毅、热烈的情绪

（1）强光位置是指被摄物体直接受光的部位，这部分一般只占被摄物体表面极少的一部分。强光位置由于受到光线直接照射，亮度非常高，因此一般情况下肉眼可能无法很好地分辨被摄物体表面的图像纹理及色彩表现。但正是由于亮度极高，这部分可能是能够极大地吸引观者注意力的部位。

（2）亮度位置一般是指介于强光位置和阴影位置之间的部位。这部分的亮度正常，色彩和细节的表现也比较正常，可以让观者清晰地看到这些内容。这部分也是一幅照片中呈现信息最多的部位。

（3）阴影位置是指画面中背光的部分。正常情况下，这部分的亮度可能不低，但由于与强光位置在同一个画面中，形成了对比效果，所以显得比较暗。另外在使用数码单反相机拍摄的画面中，阴影部分和强光部分无法正常显示。阴影部分可以用于掩饰场景中影响构图的一些元素，使画面整体显得简洁流畅。

在直射光下拍摄风光题材的作品时，一切都变得更加简单，强光部分与阴影部分会形成自然的影调层次，使画面更具立体感。　光圈f/4，快门速度1/500s，焦距11mm，感光度ISO80，曝光补偿-0.3EV

2. 散射光摄影分析

除直射光之外，还有散射光，它也叫漫射光、软光，是指光线没有特定方向的光源。散射光在被摄物体上任何一个部分所产生的亮度和给人的感受几乎都是相同的，即使有差异也不会很大，这样被摄物体的各个部分在所拍摄的照片中表现出来的色彩、材质和纹理等也几乎都是一样的。

在散射光下进行摄影，曝光过程是非常容易控制的，因为被摄物体上没有明显的高光亮部与弱光暗部，没有明显的明暗反差，所以拍摄比较容易，并且很容易把被摄物体的各个部分都表现出来，而且表现得非常完整。但这样做也有一个问题，那就是画面各部分亮度比较均匀，不会有明显明暗反差，画面影调层次欠佳，这会影响观者的视觉体验，所以摄影者只能通过景物自身的明暗、色彩来表现画面层次。

⬆ 在散射光下拍摄风光画面，构图时一定要选择明暗反差大一些的景物，这样景物自身会形成一定的影调层次，画面会令人感到非常舒适。 光圈f/9，快门速度30s，焦距20mm，感光度ISO100

➡ 在散射光下拍摄人像，所拍摄照片的使画质细腻柔和。 光圈f/2，快门速度1/500s，焦距85mm，感光度ISO100

9.2.2 光线的方向性

1. 顺光照片的特点

顺光拍摄操作比较简单，也比较容易成功，因为光线顺着镜头的方向照向被摄物体，被摄物体的受光面会出现在所拍摄的照片中，而阴影部分一般会被遮挡，这样由阴影与受光部分的亮度反差带来的拍摄难度就降低了。在这种情况下，拍摄的曝光过程就比较容易控制。在顺光拍摄的照片中，被摄物体表面的色彩和纹理都会呈现出来，但是不够生动。如果光的照射强度很高，景物的色彩和表面纹理还会损失细节。顺光拍摄适合摄影初学者练习用光，另外在拍摄记录照片及证件照时使用较多。

⬆ 顺光拍摄示意图

⬆ 顺光拍摄时，所得画面虽然会缺乏影调层次，但能够保留景物表面的更多细节。因为顺光拍摄时景物上几乎没有阴影，所以很少会出现损失画面细节的情况。 光圈 f/11，快门速度 0.5s，焦距 200mm，感光度 ISO100

2. 侧光照片的特点

侧光是指来自被摄物体左右两侧，与镜头朝向呈90°的光线，这样景物的投影落在侧面，景物的明暗影调各占一半，影子修长而富有表现力，景物的表面结构十分明显，每一个细小的隆起处都会产生明显的影子。侧光拍摄能比较突出地表现被摄物体的立体感、表面质感和空间纵深感，可获得较强烈的造型效果。在拍摄林木、雕像、建筑物表面、水纹、沙漠等各种表面结构粗糙的物体时，使用侧光能够获得影调层次非常丰富的画面，空间效果强烈。

↑ 侧光拍摄示意图

➜ 侧光拍摄时，一般会在主体上形成清晰的明暗分界线。 光圈 f/10，快门速度 1/250s，焦距 200mm，感光度 ISO100

3. 斜射光照片的特点

斜射光又分为前侧斜射光（斜顺光）和后侧斜射光（斜逆光）。整体来看，斜射光是摄影中的主要用光方式，因为它不仅适合表现被摄物体的轮廓，更能通过被摄物体呈现出来的阴影增加画面的明暗层次，使得画面更具立体感。拍摄风光照片时，无论是大自然中的花草树木，还是建筑物，由于被摄物体的轮廓之外会有阴影的存在，因此画面会给予观者立体的感受。

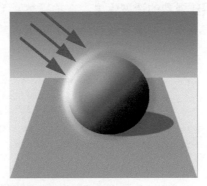

↑ 斜射光拍摄示意图

↑ 拍摄风光、建筑等题材时，斜逆光是使用较多的光线，它能够很容易地勾勒出画面中主体及其他景物的轮廓，增强画面的立体感。 光圈f/7.1，快门速度1/800s，焦距200mm，感光度ISO400，曝光补偿-1.7EV

4. 逆光照片的特点

逆光与顺光是完全相反的两类光线，光源位于被摄物体的后方，其照射方向正对相机镜头。逆光下的环境明暗反差与顺光完全相反，受光部分也就是亮部位于被摄物体的后方，镜头无法拍到，镜头所拍摄的画面是被摄物体背光的阴影部分，亮度较低。但是应该注意，虽然镜头只能捕捉到被摄物体的阴影部分，但是被摄物体之外的背景部分却因为光线的照射而成为亮部。这样造成的后果就是画面的明暗反差很大，因此在逆光环境下很难拍到被摄物体和背景都曝光准确的照片。但利用逆光的这种性质可以拍摄剪影，这样的画面极具感召力和视觉冲击力。

⬆ 逆光拍摄示意图

⬆ 逆光拍摄人像，人物发丝边缘会有发际光，有梦幻的美感。 光圈f/5.6，快门速度1/200s，焦距240mm，感光度ISO400

⬆ 强烈的逆光会让被摄物体正面曝光不足而形成剪影。当然，所谓的剪影不一定是非常彻底的，被摄物体可以如本画面这样有一定的细节显示出来，这样画面的细节和层次都会更加丰富。 光圈f/8，快门速度1/4000s，焦距115mm，感光度ISO100

5. 顶光照片的特点

　　顶光是指来自被摄物体顶部的光线，与镜头朝向约呈90°。晴朗天气里正午的太阳通常可以看作最常见的顶光光源，另外通过人工布光也可以获得顶光光源。正常情况下，顶光不适合拍摄人像照片，因为拍摄时人物的头顶、前额、鼻头很亮，而下眼睑、颧骨下面、鼻子下面完全处于阴影之中，这会造成一种反常奇特的形态。因此，一般都避免使用这种光线拍摄人物。

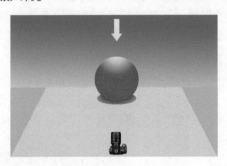

⬆ 顶光拍摄示意图

⬆ 在一些较暗的场景，如老式建筑、山谷、密林中，由于内部与外部的亮度反差很大，这样外部的光线在照射进来时会形成非常漂亮的光束，并且光束的质感强烈。　光圈f/7.1，快门速度1/200s，焦距44mm，感光度ISO320，曝光补偿+1EV

第10章

风光摄影

风光摄影是以展现自然风光之美为主要创作目的的一个门类，是广受人们喜爱的题材，能够让拍摄和欣赏的人都获得非常美妙的感受。

↑ 光圈f/11，快门速度1/17s，焦距16mm，感光度ISO200，曝光补偿-0.3EV

10.1 拍摄风光的通用技巧

10.1.1 小光圈或广角拍摄可以使画面有较深的景深

拍摄风光画面，首先要注意的事情是以更深的景深容纳更多景物，呈现出自然界的美感。拍摄时应该尽可能让整个场景都处于对焦范围内，选用较小的光圈。光圈越小，所获得的照片的景深就会越深。影响景深的因素还有所选用镜头的焦距，我们在进行风光照片的拍摄时可尽量多使用广角进行创作，来传达画面的纵深感。

→ （见下页）拍摄风光照片的一个基本要求就是画面必须有足够深的景深，能够将远近的景物都清晰地表现出来。 光圈f/10，快门速度1/80s，焦距24mm，感光度ISO100

在拍摄风光时，为获得更深的景深，让远近的景物都清晰地显示出来，我们就需要掌握景深三要素——光圈、焦距和物距。

⬆ 了解了景深三要素之后，那就能够从全局考虑画面的景深状态。例如本画面以中等焦距拍摄，但由于光圈较小、物距较大，因此也可以轻松得到深景深的效果。 光圈f/16，快门速度30s，焦距39mm，感光度ISO100

10.1.2 让地平线更平整的拍摄技巧

风光画面中往往会有天地相融的美景，地平线是分割画面的重要界限，因此地平线的位置非常重要。通常情况下，地平线出现倾斜，照片会给人一种非常难受的感觉，并且最严重的是往往"一斜俱斜"，在后期浏览时你会发现某次外出采风的照片基本上全是倾斜的。这是人的身体动作不规范、取景时又没有注意导致的。在拍摄风光画面时，让地平线平整一些，可以使得照片画面符合视觉及美学方面的要求，获得和谐、平衡的美感。

↑ 地平线发生倾斜，画面失去平衡，会给人一种特别不严谨、不专业的感觉

↑ 地平线比较平整，这样画面就会比较协调，并给人一种特别严谨、专业的感觉。 光圈 f/13，快门速度 1/40s，焦距 16mm，感光度 ISO200，曝光补偿 -0.3EV

有一个非常简单的办法可以让摄影者拍摄出更为平整的地平线：取景时观察取景框左上和右上两个角到地平线的距离。另外，也可以利用相机内的电子水准仪来取水平，不过应该注意，使用电子水准仪时要在液晶显示器上观察，相对要麻烦一些。

10.1.3 利用线条引导视线，增强画面的空间感

当你拍摄风景照片的时候，应该问自己的一个问题是：我拍的照片怎样才能引人注目？其实有很多种方法，例如寻找较好的前景是一种比较常用的方法，但另外一种更好的方法是运用线条将观者的注意力带入所拍摄的画面中。线条可以引导观者的视线，让画面看起来非常自然，并且线条还可以让画面充满立体感及韵律感。

拍摄风光类题材时，线条是一种非常重要的构图元素：摄影者在拍摄之前就应该寻找画面中具有较强表现力的线条，用以引导观者的视线或增加画面深度，让风光变得更悠远一些。常见的线条有很多，包括公路、小道、山脊、水岸等都可以作为画面构成的重要骨架。

注意，要利用线条来优化构图，一定要注意两个问题：线条方向要单一化，如果有很多线条，那么这些线条要朝着一个方向延伸；线条最好要完整一些，不完整的线条既起不到导向作用，又会让人感觉虎头蛇尾，画面不完整。

⬆ 公路自身的线条即可引导观者的视线延伸到画面深处。 光圈 f/8，快门速度 5s，焦距 47mm，感光度 ISO100

道路、城墙等线条都可经常用于引导视线。 光圈 f/13，快门速度1/4s，焦距70mm，感光度ISO100

10.1.4　在自然界中寻找合适的视觉中心（主体）

　　风光摄影所涉及的题材非常多，如林木、水景、山景等，并且不同题材对应的景别也是千变万化的。摄影者不能看到美景就忘乎所以、不假思索地按下快门按钮，在拍摄之前一定要仔细观察，寻找视野内具有较强表现力的景物进行强调，即在画面中选择你所需要的兴趣中心。兴趣中心是画面最吸引人的地方，也是画面最精彩的地方。它起着把画面其他部分贯穿起来，构成一个艺术整体的作用。兴趣中心可以是人，可以是物，可以是线、点，也可以是色彩。例如建筑物、树枝、一块石头或者岩层、一个轮廓等。

　　摄影初学者在面对风光题材时可能会有一个误区，就是没有寻找主体的意识，看到优美的风光就满怀激情地拍摄，而没有经过理智的思考，所以无法把看到的美景拍摄出来，传递给观者。

本画面显示的场景非常漂亮，但作为摄影作品仍有欠缺，即视觉中心或者主体不够明显。 光圈 f/13，快门速度1/25s，焦距16mm，感光度ISO100，曝光补偿-0.3EV

⬆ 这是一个非常简单的场景，但因为作为视觉中心的大厦非常醒目和突出，所以画面会更耐看一些。　光圈 f/16，快门速度 1/500s，焦距 14mm，感光度 ISO100，曝光补偿 -0.3EV

10.1.5　慢速快门的使用让画面与众不同

风光画面中往往有人物或其他动态物在其中活动，这能够增加画面的活力。此外画面中的动态物能充实画面内容，也可增强画面透视的比例感。动态物包括沙滩上的海浪、小溪中的流水、移动的云层、公路上的汽车等。

要捕捉到这些动态物，一般意味着你需要使用慢速快门，有时需要几秒。当然，这也意味着更多的光线会照射到感光元件上，而你需要使用小光圈+低感光度的曝光组合，甚至要在黎明或者黄昏这种光线较弱的场景中拍摄。

◀ 利用慢速快门拍摄，汹涌澎湃的大海具有了雾化效果，画面很奇特。 光圈 f/16，快速度门 30s，焦距 14mm，感光度 ISO64

◀ 采用慢速快门拍摄，画面会更有感染力，表现力更强。 光圈 f/8，快门速度 2s，焦距 17mm，感光度 ISO100，曝光补偿 -0.7EV（多张堆栈得到慢速快门效果）

拍摄风光题材，面对水景或其他一些包含运动景物的画面时，慢速快门是一种比较个性、新颖的选择。这就要求摄影者在外出采风时，即使在白天拍摄，也不要忘记携带三脚架及快门线等附件，因为这些附件有助于拍摄出与众不同的照片。

要想在光线较好的环境中拍摄出慢速快门效果，对相机的设定如下：三脚架＋快门线以提高相机的稳定性，降低感光度，缩小光圈（f/8~f/16）。

10.1.6　善于抓住天气状态变化

阳光灿烂的天气是最适合外出拍摄的，特别是在早晚光线的色温变高时，拍摄出的风光画面特别漂亮。但其实，风雨欲来的天气也提供了比较特殊的场景，有利于摄影者表现情绪和情感。摄影者应该尝试寻找各种适合表现主题的天气来拍摄，例如在雨天可以拍摄水中的倒影，利用玻璃上的水珠作为前景以孕育出特定的情感；而在大雾天气，可以利用雾天的特色拍摄出具有梦幻感的照片；在下大雪的时候，也可以拿起相机出门走走，你会拍下许多美好的影像。摄影者要学会利用这些多变的天气，而不是仅仅等待一个蓝天白云的好天气。

⬆ 日落时分，云彩被太阳染色，形成壮丽的火烧云，色彩丰富。　光圈f/8，快门速度1.6s，焦距70mm，感光度ISO100

↑ 多雨季节里，捕捉到天空中非常有气势的积雨云，它可以让画面变得波谲云诡。 光圈f/4.5，快门速度1/13s，焦距12mm，感光度ISO100

10.2 拍摄不同的风光题材

10.2.1 突出季节性的风光画面

在我国北方，春夏秋冬四季分明；拍摄风光题材时，季节性是非常重要的照片构成信息，在照片中一定要通过色彩把季节性表现出来。在春季，枝叶是嫩绿色的，并有大片大片的繁花，色彩比较绚烂；夏季是绿色的海洋，各种绿色深浅不一；秋季的植物以红黄色为主；冬季比较萧瑟，色彩感较弱，但如果能有雪景，画面会比较漂亮。

← 秋季摄影，植物以红黄色为主，从而营造出一种偏暖的画面风格。 光圈f/8，快门速度1/5s，焦距200mm，感光度ISO400

⬆ 雪景是冬季最具有表现力的景物。 光圈 f/11，快门速度 1/500s，焦距 38mm，感光度 ISO100，曝光补偿 +1EV

10.2.2 拍摄森林时一定要抓住兴趣中心

与拍摄其他主题一样，拍摄森林时需要找出兴趣中心，它可能是形状怪异的树干、一条蜿蜒的小径等。不管采用什么构图方法，都要能引导观者入画。在拍摄森林的过程中，如果画面过于完整就会削弱森林的临场感和力量感。另外，摄影者还可以单独表现扎根于深土的树根或者苍老的树皮等局部，让观者对整棵大树或者整片森林加以联想。

⬅ 拍摄大面积林木时，利用高亮的松枝作为兴趣中心，可以让画面产生明显的主体，并且丰富画面层次。 光圈 f/8，快门速度 1/60s，焦距 45mm，感光度 ISO100，曝光补偿 -0.3EV

如果拍摄现场没有特别明显的、区别于其他树木的独特树木，也没有表现力较强的枝干、林间小路等景物，那么你可以在森林周围寻找一些人物、动物、飞鸟以及比较浓郁的色彩等作为主体进行强调。

⬆ 道路作为主体和引导线，串起了整个画面。 光圈f/4.5，快门速度1/160s，焦距164mm，感光度ISO2000

10.2.3 枝叶的形态与纹理

如果使用长焦镜头或者微距镜头选择几片树叶进行拍摄，可以非常细腻、清晰地显示出叶片表面的纹理，表现出一种造物的神奇感。拍摄树叶的纹理时，一般先为树叶选择一个较暗的背景，然后采用点测光模式对叶片的高光位置测光，这样在画面中会形成背景曝光不足但主体曝光正常的高反差效果，主体非常醒目、突出。如果背景也比较明亮，就需要使用大光圈将背景中的杂乱叶片虚化掉，以突出主体。

◀ 寻找简单的背景，并且利用虚实对比的手法，营造出秋日特有的画面氛围。 光圈 f/2.8，快门速度1/50s，焦距45mm，感光度ISO200，曝光补偿−0.3EV

采用点测光模式是为使得主体部分曝光准确，这样才能够清晰地表现出主体表面的纹理和脉络。

一定要使用大光圈，对背景进行虚化，这样才能让主体的枝叶从背景中分离出来，得到突出。

◀ 无法分离出数片叶子时，也可以考虑选取大片形态相似、明暗相近的枝叶作为主体进行表现。 光圈f/3.5，快门速度1/1000s，焦距155mm，感光度ISO200，曝光补偿−0.3EV

10.2.4 海景的构图与色彩

　　我们在拍摄海景的时候，画面中所包含元素的多少、构图形式的变化、色彩搭配是否合理等，都关系到能否拍摄出完美的海景照片。大海与天空的交界线是非常典型的水平线条，拍摄时一般无法避开，因此可以利用这种线条的特点，使用三分法构图，将交界线置于画面顶部的1/3处。这样既能使海面景观占据画面的大部分区域，还可以搭配一定比例的蓝天白云，丰富构图元素，给观者以和谐、平整、稳定的感觉。

⬆ 在本画面这种天空表现力较弱的场景中，可以在1/3比例的基础上进一步压缩天空的比例，以突显海面和海边的景别。　光圈f/4.5，快门速度1/1250s，焦距300mm，感光度ISO100，曝光补偿-0.3EV

　　海洋是非常纯粹的蓝色，与天空颜色相同，这样画面就容易给人色彩层次模糊不明显的感觉，因此摄影者应捕捉一些与蓝色有较大差异的构图元素进行调节，例如划过海面的帆船、天空中的白云、海面上的海鸥等都可以很好地调和画面的色彩。

　　此外，在拍摄海景时，可以选取一些礁石、海浪、渔船作为前景，从而赋予画面元素很好的层次过渡感，并可以从其他角度展现大海之美。

➡ 拍摄海洋时以岩石进行构图，不仅能丰富画面层次，还可以让画面获得一种刚柔相济的平衡。岩石为刚性，水为柔性。　光圈f/5.6，快门速度1/15s，焦距19mm，感光度ISO100

用慢速快门拍摄可以表现海浪的动感。海浪源于潮汐，而潮汐是月球对地球的引力所致。拍摄者在海边拍摄时常用慢速快门拍摄诸如"海浪击石""浪花飞舞"等主题的画面。一般来说，海浪涌动前行的速度相对较快，使用慢速快门拍摄既能表现其恢宏气势，又能轻松地将其定格。如果要以"流动"的效果将海浪记录下来，可用低于1/30s的慢速快门拍摄，光圈值宜设为f/5.6~f/11，这样可保证获得较为理想的景深。当第一波海浪即将进入取景框时，要不失时机地进行抓拍。

利用慢速快门拍摄海浪，海浪拉丝的效果非常漂亮。光圈f/9，快门速度1/15s，焦距20mm，感光度ISO100

在海边进行长时间曝光拍摄，一定要注意拍摄位置要离海边远一点，防止海水溅入镜头腐蚀镜片；一定要将三脚架安放在较硬的岩石上，否则会在拍摄中途移动，造成所拍摄的照片模糊。

10.2.5　平静水面的倒影能为画面增添魅力

拍摄水景时，可以寻找环境中与之相匹配的景色，如岸边的奇石或浅滩，水中长满苔藓的石头，或者在水流中飘动的水草等。例如在拍摄四川九寨沟的照片时，可以借助水中童话般的色彩，配上漂浮的树干，营造出充满无限生机的水景照片。被摄物体要主次有别，画面中不要纳入太多的主体，不过这并不是指不能纳入太多的元素，而是说各个元素要在形式或色彩上有一定的统一性，这样拍出的照片才不会显得杂乱无序。

⬆ 水面倒影可以丰富构图元素，并使画面给人一种和谐、优美的视觉感受。　光圈f/8，快门速度1/40s，焦距24mm，感光度ISO100

10.2.6　拍出仙境般的山间云海

拍摄云海等高亮场景时，相机所谓的"智能"会让云海变灰，这当然是不对的。因此就需要摄影者进行人工调整，在拍摄时增加曝光补偿，将相机偷偷自动降低的曝光值追加回来，就是曝光的"白加"了。利用增加曝光补偿的手段，摄影者可以准确还原真实场景，拍摄出梦幻般的云海。

⬆ 合适的前景能够丰富画面层次，并使得画面更加耐看。 光圈f/8，快门速度1/2500s，焦距25mm，感光度ISO200，曝光补偿−0.5EV

　　一般情况下，温度为10~18℃时，蒸汽的变化最为剧烈，所以春秋两季云海的出现频率最高。出现云海还有一个影响因素，就是风力的大小；当风力超过3级后，即使出现云海，也很容易被吹散。

　　摄影者拍摄美丽的云海，应做足准备工作。拍摄当天要早起，一般在太阳出来前半小时到达拍摄地点。这时拍摄的云海层次分明、光比小、色彩丰富，因天色较暗，更容易将云海拍成流动状。拍云海需登山，事先要找好上山路线，云海高度不一，登山的高度也要随着变化，要多走走多看看，千万不要中途放弃。拍摄云海时需注意：(1)要使用三脚架，因为太阳出来前光线弱，相机快门速度低，手持相机拍摄容易拍虚；(2)使用大光圈和提高感光度的办法，会使云海的呈现质量大大下降；(3)云海反光较强，要增加曝光量，在拍摄大面积云海时要增加1~2挡曝光量，否则会出现曝光不足的问题，从而影响照片质量；(4)要逆光或侧逆光拍摄，这样云海会有更多层次，能够增强透视感，云彩和云海的色调会更加绚丽。

↑ 黄山气势磅礴的云海有一种国画之美。　光圈f/8，快门速度1/30s，焦距88mm，感光度ISO100

10.2.7　多云的天空让画面更具表现力

　　风光摄影中另一个需要注意的因素是天空。很多风光摄影都会有大幅的前景或者天空，如果你拍摄时恰好天空的景色很乏味无聊，那就不要让天空部分主宰画面，可以把地平线放在画面上1/3以上的位置。但是如果你拍摄时天空中有各种有趣形状的云团且色泽精彩的话，就可以把地平线的位置放低，将天空中的精彩内容凸显出来。

↑ 拍摄早晚两个时间段的天空，必须有漂亮的云层作为载体，画面才够出众。　光圈f/9，快门速度0.25s，焦距17mm，感光度ISO100（多张堆栈模拟慢速快门效果）

⬆ 在阴云密布的天气里，虽然云层不够透，但突如其来的一道闪电为画面增添了看点，渲染出了与众不同的意境。 光圈 f/11，快门速度 6s，焦距 9mm，感光度 ISO50

第11章

人像摄影

从某种意义上来说，人像摄影是比较难的一个题材。人像摄影不仅要求摄影者有一定的技术及美学知识，还需要在拍摄时有优秀模特的配合，要想拍摄出舒展、自然的人像画面，两者缺一不可。

↑ 光圈f/2.8，快门速度1/4000s，焦距80mm，感光度ISO100

11.1 不同光线下人像画面的特点

11.1.1 散射光下拍摄，人物会有细腻的肤质

在多云或阴天时，室外的光线为散射光，它由光源被遮蔽后透过云层的弱光与环境中的反射光构成，其照明效果非常柔和，适宜于拍摄人像。只要环境中的亮度足够，人像画面不但能完整表现人物面部及衣物纹理等细节，还能有出众的色彩表现力。并不是说室外散射光下的环境亮度就完全均匀，毕竟潜在的太阳光源会使场景散射光产生一定的方向性，因此在拍摄人物之前应该找到合适的拍摄位置。拍摄可以在一些地势比较开阔的环境中进行，拍摄之前让被摄人物转动身体，摄影者注意观察光线的变化情况，找到合适的拍摄角度。

⬆ 在散射光环境中拍摄人像，人物皮肤细腻、白皙。 光圈f/1.8，快门速度1/640s，焦距85mm，感光度ISO320

11.1.2　侧光拍摄利于酝酿特殊情绪

　　在侧光下，被摄人物面向光线的一面沐浴在强光之中，而背光的那一面掩埋进黑暗之中，阴影深重而强烈，一般适合用来表现性格鲜明的人物形象。此外，因为光线会在人物面部的中线鼻梁位置形成受光面，而背光面为阴影，具有较大反差，所以如果要利用侧光拍摄甜美的人物，需要使用反光板对背光面进行补光。

　　不过如果侧光运用合理，会让画面的明暗对比非常强烈，酝酿出一种深沉、悠远的氛围。

⬅ 利用侧光拍摄人像，如果不对人物面部的背光面补光，容易营造出一种特殊的情绪和氛围。 光圈f/4.5，快门速度1/200s，焦距85mm，感光度ISO1000

11.1.3 逆光拍摄的两种经典效果

逆光具有艺术魅力和较强的表现力，它能使画面产生完全不同于我们在现场所见到的实际光线的艺术效果。使用逆光来拍摄人物通常包括两种情况。一种情况是利用逆光来表现被摄主体的明暗反差，可以形成轮廓鲜明、线条强劲的造型效果，俗称剪影。拍摄剪影时一般是对背景中的高亮部分测光，而人物部分因为曝光不

↑ 逆光拍摄时容易在人物周边形成亮边，头发部位会产生发际光，非常漂亮。 光圈f/2，快门速度1/640s，焦距85mm，感光度ISO100

足，只表现出形体的轮廓与线条。剪影具有极强的视觉冲击力，同时具有较强的环境渲染力。另一种情况是逆光人像的人物部分曝光正常，主要是在逆光拍摄时配合闪光灯、反光板等辅助光源的应用，使人物正面也正常曝光，增强逆光人像的艺术表现力。

↑ 不使用遮光罩拍摄逆光人像，产生的眩光会让画面有一种梦幻般的效果。 光圈f/2.8，快门速度1/640s，焦距148mm，感光度ISO100

11.2 让人像好看的构图技巧

11.2.1 以眼睛为视觉中心，让画面生动起来

　　眼睛是心灵的窗户，是人像画面的神韵所在，因此在拍摄人像时针对眼部精确对焦非常重要。如果眼部没有对焦，那么整张照片就会软绵绵的，失去关键点。不管模特摆出何种造型，也不管从何种角度拍摄，都必须针对眼部精确对焦。单反相机在使用大光圈、浅景深拍摄时，对焦位置稍稍偏移就会造成眼部失焦，特别是在放大的时候失焦现象尤其明显，因此要特别注意是否对焦在眼睛上，甚至要注意到应该对眼睛的哪一个部分对焦。

⬆ 只要能够看到人物眼睛，拍摄时就应该对眼睛对焦，这样画面才会更加生动传神。 光圈 f/2.8，快门速度 1/640s，焦距 70mm，感光度 ISO100

室内拍摄时，还应该注意在人物眼前设置较强光源，这样人物的眼睛中才会有眼神光，画面才会更加生动。 光圈 f/2，快门速度 1/100s，焦距 50mm，感光度 ISO250

11.2.2 虚化背景，突出人物形象

摄影界有这样一个说法：摄影是减法的艺术。它是指在构图时应进行元素的取舍，即对某些元素进行强调，对某些元素进行弱化。在拍摄人像时，利用大光圈、小物距或长焦距拍摄，可以虚化繁杂的背景，但处于合焦平面的主体人物却非常清晰，这就是一种强调人物、弱化背景的减法构图，利用这种构图方式可以更加有效地突出主体人物。在拍摄现场，摄影者可以根据使用器材、拍摄场景的条件、想要的背景模糊程度来决定焦距、物距、光圈大小的拍摄组合。

⬆ 虚化背景可以有效突出主体人物。 光圈 f/3.5，快门速度 1/400s，焦距 135mm，感光度 ISO160

11.2.3　简洁的背景可以突出人物形象

在人像摄影中，人物是主体，是画面要表现的中心，环境要起到衬托主体人物的作用，但不应该分散观者的注意力。既然主体人物是人像摄影的中心和摄影目的所在，那摄影创作都应该围绕主体人物展开，只有最大化地突出主体人物，才能够更好地表达主题，展示人物形象。突出主体人物形象最简单的一个方法是寻找一个简洁的背景。可以想象，如果背景元素比较复杂、色彩比较绚丽，则会分散观者的注意力，弱化主体人物的形象。

摄影者在拍摄之前就应该确定好主体人物所处的地点和面部朝向，这样拍摄工作就会简单许多，仅对人物进行塑造即可。

⬆ 色彩、明暗相差不大的背景可以视为简洁的背景，这样的背景不会影响主体人物的表现力。 光圈 f/5.6，快门速度1/125s，焦距50mm，感光度ISO100

11.2.4　错位让画面富有张力

　　人像特写主要是表现人物的头部、肩部以及胸部，那么这3个部位的动作和线条变化就非常关键。一般情况下，我们要遵循头部与胸部（肩部）的体块错位，避免它们在同一平面上，这样的特写动作才会有变化和力度。

➡ 黄色为面部，灰色为其余身体部分：拍摄人像时应该让这两个部位产生一定的错位，那样画面会更有张力

➡ 如果人物的胸部朝向镜头，头部也朝向镜头，那画面就缺少变化，所以应让人物面部平面与胸部平面产生一定的夹角，即平面错位，从而增强特写动作的力度。 光圈f/2，快门速度1/1250s，焦距85mm，感光度ISO100

11.2.5 利用人物手臂产生变化

　　人像特写中，人物的手臂是一个可以被利用的元素。女孩的手臂纤细而美丽，抚摸头发、托腮等姿态，可以为平淡的人像特写加入更多表情和神态，也让人像特写更富有生命力和感情色彩。

　　手臂是可以影响人物特写的一种很重要的元素。利用手臂做出托腮、抚摸头发等姿态，可使画面整体更富有生命力，使平淡的人物特写更加有神。但是也应该注意，手臂在画面中的比重不宜过大，否则会分散观者的注意力。

Granulated sugar

◀ 为避免画面单调，单手或双手抚摸头发是很好的姿势，使画面富有变化。 光圈 f/2，快门速度1/1250s，焦距85mm，感光度ISO100

对手臂姿态的把握是人像摄影中的一个难点。构图时对手臂的截取要自然和恰到好处，否则手臂的存在反而会破坏画面的整体效果。

⬆ 双臂架在一起，起到一定的支撑作用，确保人物头部不会失衡。 光圈f/2，快门速度1/800s，焦距85mm，感光度ISO100

11.3 不同风格的人像画面

11.3.1 自然风格人像

自然色系包括砖红色、土红色、墨绿色、青绿色、秋香色、橄榄绿、黄绿色、灰绿色、土黄色、咖啡色、灰棕色、卡其色等非常多的色彩。使用这类色彩进行人像写真，也是一种主流的色彩设计方法。这类色彩搭配比较方便，可以随时根据主体人物的衣着进行组合，整体的自然环境也主要是这些色彩的组合。使用自然色系设计的摄影作品，能够表现出亲和力和轻松、自然的情感；但要注意拍摄出写真作品的特色。

⬆ 自然风格人像会给人一种轻松自然、富有亲和力的感觉。　光圈 f/2.8，快门速度 1/640s，焦距 200mm，感光度 ISO100

⬆ 光圈 f/1.8，快门速度 1/640s，焦距 85mm，感光度 ISO320

11.3.2 高调风格人像

高调风格人像摄影是由之前的黑白胶片摄影延伸而来的一个概念。高调风格人像摄影作品以浅色调，主要是白色和浅灰色的色彩层次来构成，几乎占据画面的全部，少量深色调的色彩只能作为点缀出现。这种摄影作品能够给人轻松、舒适、愉快的感觉，比较适合表现女性角色，特别是少女或一些特定场合下的成年女士。在拍摄高调风格人像时要注意控制光线的色温，不要让画面因为色温的关系泛蓝或惨白。

↑ 高调风格人像会给人一种明快、轻松的视觉体验。 光圈 f/2.2，快门速度1/500s，焦距85mm，感光度ISO160

➜ 光圈 f/2.2，快门速度1/320s，焦距85mm，感光度ISO400

11.3.3　低调风格人像

　　低调风格人像摄影作品与高调风格人像摄影作品的定义几乎正好相反，是指以黑色为主的深色区域来构筑画面整体的层次，黑色几乎占据画面的全部区域，而浅色调的白色等仅仅作为点缀来表现。这样可以使画面形成一种强烈的影调对比，可以表现出神秘、深沉、危险或高贵等情绪。低调风格人像摄影作品有时具有很强的人物面部轮廓勾勒能力，形成非常具有艺术气息的画面。

🔼 低调风格人像摄影作品能够给人一种压抑或神秘的感觉。　光圈 f/16，快门速度 1/125s，焦距 18mm，感光度 ISO200

第12章

认识景别

由于摄影器材与被摄物体的距离不同，或是镜头焦距的变化，造成被摄物体在视频画面中所呈现出的范围大小的区别，即为景别。在视频画面中，我们可以利用复杂多变的场面和镜头调度，交替地使用各种不同的景别，从而增强视频画面的艺术感染力。

12.1 远景：交代环境信息，渲染氛围

远景一般用来表现远离摄影机的环境的全貌，展示人物及其周围广阔的空间环境，是展示自然景色和群众活动大场面的镜头画面。它相当于从较远的距离观看景物和人物，视野宽广，能包容广大的空间；人物较小，背景占主要地位，画面给人以整体感，细节却不甚清晰。

事实上，从构图的角度来说，我们也可以认为这种取景方式适用于一般的摄影领域。在摄影作品当中，远景通常用于介绍环境、抒发情感。

↑ 本画面利用远景表现出了山体所在的环境信息，将天气、时间等信息都交代得非常完整。画面细节虽然不是很理想，但是对于交代环境、时间、天气等信息是非常有效的。　光圈 f/2.8，快门速度 1/230s，焦距 4mm，感光度 ISO100

12.2 全景: 交代主体的全貌

　　全景是指表现人物全身的画面。全景以较大视角呈现人物的体型、动作、衣着打扮等信息，虽然表情、动作等细节的表现力可能稍有欠缺，但胜在全面，能用一个画面将各种信息交代得比较清楚。

本画面以全景呈现人物，将人物身材、衣着打扮、动作表情等都交代了出来，信息是比较完整的，给人的感觉比较好。 光圈 f/1.8，快门速度 1/800s，焦距35mm，感光度 ISO100

所谓全景，在摄影当中还引申为一种超大视角的、接近于远景的画面效果，要得到这种全景画面，需要进行多素材的接片。前期要使用相机对着整个场景的局部持续地拍摄大量的素材，最终将这些素材拼接起来得到超大视角的画面，这也是一种全景。 光圈 f/2.8，快门速度25s，焦距16mm，感光度 ISO5000

12.3 中景：强调主体的动作表情

中景是指展示人物膝盖以上部位的画面。中景的运用，不但可以加深画面的纵深感，表现出一定的环境、气氛，而且通过镜头的组接，还能把某一冲突的经过叙述得有条不紊，因此中景常用于叙述剧情。

← 与远景、全景相比，中景就比较好理解了。在取景时，中景主要表现人物膝盖以上的部位，包括我们所说的七分身等，都可以称为中景。表现中景时有一个问题要注意，取景时不能切割人物的关节，例如不能切割人物的胯部、膝盖、肘部等部位，否则画面会给人一种残缺感，构图不完整。 光圈 f/2，快门速度1/320s，焦距50mm，感光度ISO100

12.4 特写：刻画细节

特写是指拍摄人物的面部或其他被摄主体的局部的镜头。特写能表现人物细微的情绪变化，揭示人物心灵瞬间的动向，使观者在视觉和心理上受到强烈的感染。

→ 有时候，我们还会用特写来表现人物、动物或其他对象的重点部位，此时更多呈现的是这些重点部位的一些细节、特色。本画面表现的就是山魈面部的一些细节和轮廓。 光圈 f/3.2，快门速度1/160s，焦距142mm，感光度ISO1600

12.5 近景：兼顾环境与细节

　　一般把展示人物上半身的画面称为近景，近景放大了人物表情和神态。拍摄这类镜头时，在构图上尽量避免背景太过复杂，使画面简洁，一般多用长焦镜头或者大光圈镜头拍摄，利用浅景深把背景虚化掉，使得被摄主体成为观者的目光焦点。

　　🔙 相对于全景，近景对人物肢体动作的表现力要求更高。拍摄中景人像时，人物的动作一定要有所设计，要有表现力。 光圈 f/2，快门速度 1/320s，焦距 85mm，感光度 ISO100

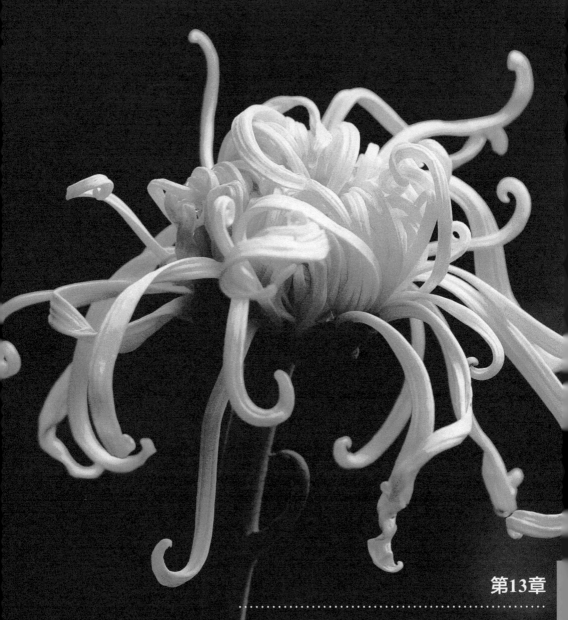

第13章

拍摄视频需要的硬件
与软件

摄影者在拍摄之前，一定要对手中的器材有充分的了解。那么，拍摄会用到哪些器材呢？它们都有什么作用呢？它们会对画面产生怎样的影响呢？在拍摄视频之后需要利用什么软件进行后期处理？在本章，笔者将带大家了解视频拍摄与处理所需要的硬件以及软件。

↑ 电影片场实景

13.1　工欲善其事，必先利其器

13.1.1　摄影机、微单相机和运动相机

　　摄影机品牌众多，就影片拍摄而言，肩扛式摄影机的使用最为广泛，因为其拍摄画面的分辨率、解析力、色彩等都达到了一流水准。其RAW格式的影片为后期提供了便利，是影片拍摄的首选。使用专业摄影机拍摄4K/60p视频完全不在话下，但是其价格较高。电影机用的镜头俗称电影头，一般兼容PL格式的卡口，但价格是普通单反相机所用镜头的数十倍，甚至上百倍，因此专业摄影机对于预算充裕、对影片画面有高追求的人士而言是首选。

⬆ RED摄影机

⬆ 佳能微单相机

　　自佳能微单相机问世以来，其拍摄质量高、体积小、便于携带、价格合理等诸多优势让更多的小型团队，甚至某些专业团队都用单反相机来拍摄。对于微电影剧组、小型拍摄团队而言，微单相机将是其不二之选。

⬆ Go Pro

近年来，Go Pro这类运动相机异常火爆，被广泛运用于航拍、真人秀等领域。影片《硬核大战》似乎将Go Pro这类运动相机在影视拍摄中的作用放大了，这部全程采用第一视角的影片使用了电影界中一种极不寻常的拍法。可以预见，Go Pro这类运动相机在电影拍摄中的作用将会越来越大。

13.1.2　三脚架

这里需要注意的是，影视拍摄中要选购一个短摇臂三脚架，因为画面是运动的，选购普通三脚架会为日后拍摄带来不便。三脚架主要用于拍摄静态镜头，如果某些角度不便于架设三脚架，但又需要拍摄被摄主体的神态动作，那就可以使用能够随意转动扭曲的八爪鱼三脚架。这两种三脚架是日常拍摄中使用最广泛的类型，足以应付绝大多数的拍摄场景。

↑ 短摇臂三脚架

↑ 八爪鱼三脚架

13.1.3　滑轨

滑轨在影视拍摄中尤为重要，因为镜头长时间固定不动是影视拍摄的大忌，呆板的镜头会让人昏昏欲睡。要想让镜头动起来，又要保持画面稳定，滑轨就是必不可少的。高级的滑轮是电动控制的，可以最大限度地匀速滑动，避免人为造成的画面抖动。还有手动滑轨，虽然它不如电动滑轮稳定，但是对于低成本的小制作来说，它也能达到很不错的效果。在某些特殊场景，表面平整如桌面，大型滑轨铺设困难，使用滑轮车就变得方便快捷。

↑ 手动滑轨

↑ 电动滑轨

13.1.4　斯坦尼康

当前，电影拍摄开始越来越多地运用斯坦尼康来拍摄很多长镜头和运动镜头，以保证更好的视觉效果和叙事节奏。例如一些影片会用载人摇臂结合斯坦尼康共同完成一个长镜头，还有一些打斗、战争场面以及越来越多的普通场景也会用斯坦尼康来拍摄。

有一点一定要清楚，斯坦尼康并不是代替轨道和摇臂的新生产物，而是另一种视角和观点的实现方式，是营造空间感的工具。用它实现使用轨道的画面效果是不实际的，不要试图用它代替轨道，而要好好地利用它来营造另一种感觉，简单地说就是要掌握和理解斯坦尼康特有的语言。此外，斯坦尼康是高度人机结合的设备，使用时需要对走路姿势、腰肩的角度、手臂的随和程度、手指的分配、机器三轴向的配平等若干环节进行训练和校调。

⬆ 斯坦尼康

13.1.5 摇臂

我们平时常见的摄像、摄影辅助器材是三脚架，它的功能是固定机位、调节水平以及方便摄影者推拉摇移等。摇臂在此基础上增加了升降功能。且镜头摇动的幅度更大，借此可以拍摄出宏伟、大气的场面。

摇臂可以一人操控，也可两人配合操控。很多摄影者都习惯于单枪匹马，但究竟是一人操控好还是两人配合操控好，要视具体情况而定。一个人操控时，既要控制摇臂臂杆的运动，又要控制摄像机镜头的指向。如果是拍摄大场面，再用上广角镜头，镜头运动速度比较慢，一人操控也是可以的。但是，如果对运动有更进一步的要求，例如臂杆运动速度加快、起幅落幅时加速度提高、画面需要精确定位、使用变焦镜头往上推时，一个人恐怕就力不从心了，这时只有两人操控才能完成这些镜头的拍摄。但两人操控有一个互相配合的问题，因此在节目排练之前两人需要与导演共同策划，商定摇臂的运动轨迹，做到心中有数；再经过一段时间的共同演练，方能做到双方配合默契。

↑ 摇臂

13.1.6 摄影灯光

电影是一门光影的艺术，很多时候为达到最佳的拍摄效果，影棚拍摄必不可少。环境布光直接影响到拍摄素材的质量，所以一套优秀的灯光系统必不可少。依照现场布光，摄影者通过不同的拍摄技法，最终可以获得美轮美奂的影片效果。

⬆ 拍摄布光设备

13.2 常用视频后期软件介绍

13.2.1 Adobe Premiere Pro

Adobe Premiere Pro是视频编辑爱好者和专业人士几乎都接触过的剪辑软件。它可以提升剪辑师的创作能力和创作自由度，具有易学、高效、精确的特性。Adobe Premiere Pro提供了采集、剪辑、调色、美化音频、字幕添加、输出、DVD刻录的一整套流程，并和其他Adobe软件高效集成，使用户足以完成在编辑、制作、工作流上遇到的所有挑战，满足创建高质量作品的要求。

它的优点在于兼容性极高，可以运行在mac OS和Windows两个系统，对格式的支持很完善，与其他Adobe系列软件配合很完美。目前这款软件广泛应用于广告制作和电视节目制作中。

↑ Adobe Premiere Pro操作界面

13.2.2　Adobe After Effects

Adobe After Effects（AE）是Adobe公司开发的一款视频剪辑及设计软件，是制作动态影像设计不可或缺的辅助工具，是视频后期合成处理的专业非线性编辑软件。AE应用范围广泛，涵盖影片、广告、多媒体以及网页等，时下最流行的一些电影及短片，很多都使用它进行合成制作。

AE最大的特点是保留有Adobe优秀的软件相互兼容的血统。它可以非常方便地调入Photoshop；Illustrator的层文件、Premiere的项目文件也可以近乎完美地再现于AE中。

↑ Adobe After Effects操作界面

13.2.3　Apple Final Cut Pro

Apple Final Cut Pro 是苹果公司开发的一款专业视频非线性编辑软件，包含进行后期制作所需的一切功能。导入并组织媒体、编辑、添加效果、改善音效、颜色分级以及交付等所有操作都可以在该应用程序中完成。

该软件在国外的剪辑领域十分受欢迎，Apple Final Cut Pro 的效率极高，界面友好，上手简单，运行稳定，对新手和老手的包容度都很好，并且拥有庞大数量的扩展插件支持。它仅能运行在MAC平台中，如果你拥有一台MAC计算机，那么推荐使用这款软件。

⬆ Apple Final Cut Pro操作界面

13.2.4　Vegas

Vegas是索尼公司开发的一款剪辑软件，是PC上最佳的入门级视频编辑软件。Vegas为一整合影像编辑与声音编辑的软件，其中无限制的视轨与音轨更是其他影音软件所没有的特性。它还提供了视讯合成、进阶编码、转场特效、修剪以及动画控制等功能。不论是专业人士还是个人用户，都可因其简易的操作界面而轻松上手。此套视讯应用软件可以作为数位影像、串流视讯、多媒体简报、广播等用户解决数位编辑的方案。它仅支持Windows系统。

⬆ Vegas操作界面

13.2.5　DaVinci Resolve

　　DaVinci Resolve调色系统自1984年以来就一直作为后期制作的标准。使用DaVinci Resolve的调色师遍布世界，他们喜爱它并把它当作自己创作中一个值得信任的伙伴。众多电影/广告/纪录片/电视剧和音乐电视制作中都有DaVinci Resolve的身影，并且对应的作品是使用其他调色系统所无法比拟的。

　　DaVinci Resolve的处理能力是革命性的，所有图像处理都具备32位浮点运算的精确性，因此即使把层调至近全黑，仍可在下一层调回，且无质量损失。所有特效、Power Windows、跟踪、一/二级校色都以最高位深进行，即使实时处理也是如此。

　　对于平滑伽马/线性/对数图像，DaVinci Resolve都能轻松支持高质量处理。如果调整镜头尺寸，重新定位或推拉镜头，它还能以全RGB光学质量进行实时处理。而且它支持在同一时间线上为混合格式/混合像素/混合分辨率的素材进行摇移、倾斜、推拉以及旋转操作。只有DaVinci Resolve是通过YRGB处理来单独调节亮度的，通过简单控制就可实现高光轻微过曝或降低饱和度等更具有创造力的制作手法。

　　DaVinci Resolve采用节点式图像处理，每个节点可以是独立的色彩校正、Power Windows或者特效。节点类似于层，但是它的功能更为强大，因为你可以直接更改节点的连接方式。使用顺序连接或平行连接就可以把校色处理/特效/混合处理（Mixer）/键处理（Keyer）/自定义曲线结合起来，从而制作出摄人心魄的画面。

　　DaVinci Resolve配备了世界顶级的3D物体跟踪器，非常适合将视窗锁定在屏幕显示的物体上。从此剪辑师无须把大量时间耗费在生成关键帧上了，只要在一个镜头中放入一个PowerWindows，再打开3D物体跟踪并按下Play，3D物体跟踪就会自动跟踪物体的运动、位置和尺寸；在跟踪某人脸部时，即使这个人将脸扭向一边，也可以方便地实施跟踪。3D物体跟踪使用1~99个跟踪点，能够完美地实时跟踪锁定。

⬆ DaVinci Resolve操作界面

13.2.6 Adobe SpeedGrade

　　Adobe SpeedGrade 是Adobe公司出品的专业调色软件，是一款提供图层色彩校正及视觉设计工具的调色应用程序，可确保数字视频项目看起来一致且令人注目。Direct Link 和Adobe Premiere Pro 可用来整合编辑与颜色分层工作流程，Adobe SpeedGrade 适合想让作品大放异彩的剪辑师、制片人员、调色人员及视觉效果艺术家使用。

⬆ Adobe SpeedGrade操作界面

13.2.7　Autodesk Lustre

Autodesk Lustre（调色配光和色彩管理软件）是用于交互式电影、高清配光以及效果创造的杰出的高性能解决方案。Autodesk Lustre 经过了制作实践的检验，广泛应用于全球数百部电影、广告片、音乐视频和电视节目的制作。它为今天以数据为中心的工作流程提供了高质量的实时调色配光能力。Autodesk Lustre 集最佳的性能和创作工具以及先进的可配置性于一身，能够适应最苛刻的制作工作流程的需要。

↑ 与Autodesk Lustre协同工作的Autodesk Smoke操作界面

13.3　视频后期对计算机的要求

对于视频创作，我们不但要学会拍摄，还要学会剪辑。常用的视频剪辑软件包括PR（Premiere）、AE（After Effects）等，AE和PR这两款软件是互补的。AE擅长特效、3D、渲染，而PR擅长剪辑、编辑、简化特效。使用AE/PR剪辑视频需要什么计算机配置？笔者下面会对视频剪辑所要求的硬件配置进行讲解。

13.3.1　视频后期对CPU的要求

剪辑视频时CPU具有高功耗，特别是在视频输出和编码时CPU的消耗是最大的，而CPU的的性能又取决于核心数和主频。核心数主要负责多任务处理，如果你同时运行多款软件或多个游戏，核心数就显得尤为重要，但是只运行剪辑软件，过高的核心数反而起不到作用，反倒是CPU的主频对视频的编码和输出起决定作用，建议购买主频更高的CPU。

⬆ 英特尔酷睿i9 CPU

13.3.2 视频后期对内存的要求

内存是计算机中至关重要的部件，主要用于暂时存放CPU运算时所产生的海量数据。如果没有过大的内存空间，再好的CPU也无法发挥其强大的性能，所以大内存才是王道，视频剪辑中更是如此。PR和AE这两大后期处理软件都很占内存，尤其是导入文件或者进行预览的时候，都会占较大的内存，所以建议内存超过16GB，32GB、64GB都比较好。

⬆ 带有RGB灯效的内存条

13.3.3 视频后期对硬盘的要求

所有的视频素材都从硬盘直接导入剪辑软件当中，如果硬盘读取速度不够快或有损坏，剪辑软件就会出现卡顿或直接崩溃。所以，选择一款速度快、稳定性好的硬盘尤为重要，推荐安装一款固态硬盘，用于安装系统和软件；另外加装一块高转速的机械硬盘，用于存储素材，这样才能保证软件运行时的稳定性。由于视频剪辑更看重硬盘的读写性能，为了不产生瓶颈，只有固态硬盘的读写速度才能够满足。一般情况下，SATA 固态硬盘可以满足需要，建议使用更高速的M.2 NVMe协议的固态硬盘。固态硬盘的容量为256GB和512GB已经足够，系统和软件都建议安装在固态硬盘中。

⬆ 金士顿512GB固态硬盘

13.3.4　视频后期对显卡的要求

　　显卡的作用是最受争议的。其实显卡最开始只是用于将计算机中的数字信号转换成模拟信号，并输出给显示器以显示图像，但现在的显卡都有着很强的图像处理能力，可协助CPU工作，提高计算机的整体运行速度。视频剪辑中不能没有显卡，但是也没必要过分追求显卡性能，建议配一块中端的图形显卡即可。使用AE/PR这两款后期制作软件时，需要更注重CPU和内存。

↑ 英伟达GTX 1060显卡

13.3.5　视频后期对显示器的要求

　　目前主流的设计用显示器达到了100% sRGB色域范围，这样才能保证显示色彩的表现力和还原能力，推荐使用戴尔、明基品牌的显示器。还有就是显示器一定要大，越大越好，要么就使用双屏。

13.3.6　视频后期配置建议

　　剪辑视频时CPU是最主要的功耗输出，而CPU的主频决定输出的功率，推荐使用主频高一些的型号。内存最好选择DDR四代16GB，有条件的可以选择32GB。显卡和硬盘根据个人预算择优配置。总体来说要想流畅剪辑视频，机箱里的配置得花费6000元以上。下面笔者给大家推荐两套性价比很高的配置方案，用户可根据自身的预算进行选择。

↑ 明基专业修图显示器

↑ 高端视频后期工作台

第14章

视频前期拍摄与后期
剪辑的概念

CHAPTER 14

我们在下载电影、处理视频的时候经常会看到分辨率、码率、编码这样的词语，感觉它们很熟悉却又不能恰当地解释出来。了解这些词语的概念，对于我们在平时的工作中应用视频、对视频进行简单的处理等会有很大帮助。

↑ 视频拍摄过程

14.1　了解视频分辨率并合理设置

分辨率常被称为图像的尺寸和大小，指一帧图像包含的像素的多少。分辨率越高，图像越大；分辨率越低，图像越小。

常见的分辨率如下。

（1）4K：4096像素×2160像素/超高清。

（2）2K：2048像素×1080像素/超高清。

（3）1080P：1920像素×1080像素/全高清（1080i是经过压缩的）。

（4）720P：1280像素×720像素/高清。

通常情况下，4K和2K常用于计算机剪辑；而1080P和720P常用于手机剪辑。1080P和720P的使用频率较高，因为它的容量小一些，手机编辑起来会更加轻松。

 4K的视频画面清晰度较高

↑ 720P的视频画面清晰度不太理想

佳能微单机型的视频功能逐代升级。以佳能 EOS R5 相机为例，它可以录制最高8K RAW格式的视频，并搭载C.LOG、C.LOG3曲线，对后期的视频调色、曝光调整、对比度调整等带来了极大的便利，使视频更加创意化和个性化。

不过需要注意的是，虽然相机支持拍摄很高分辨率的视频，但播放高分辨率的视频也需要对应的设备支持。举个例子，如果拍摄4K的视频，那么必须要有4K的显示器进行匹配，否则画质将会在很大程度上降低。因此在拍摄前要确定好输出的视频分辨率上限，然后进行相关设置，从而避免文件过大对存储和后期带来负担。

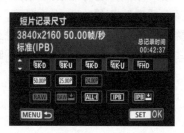

↑ 在"短片记录画质"菜单中点击"短片记录尺寸"选项，即可选择合适的分辨率进行录制

14.2 了解视频帧频并合理设置

在描述视频属性时，我们经常会看到50Hz 1080i或者50Hz 1080P这样的参数。

首先要明确一个原理，即视频是一幅幅连续运动的静态图像持续、快速显示，最终以视频的方式呈现。

视频图像实现传播的基础是人眼的视觉残留特性，每秒钟连续显示24个以上的不同静止画面时，人眼就会感觉图像是连续运动的，而不会把它们分辨为一个个静止画面。因此从再现活动图像的角度来说，图像的刷新率必须达到24Hz以上。这里，一个静态画面称为一帧画面，24Hz对应的是帧频，即一秒显示24帧画面。

24Hz只是能够流畅显示视频的帧频最低值，实际上，帧频要达到50Hz以上才能消除视频画面的闪烁感，并且此时视频显示的效果会非常流畅、细腻。所以，当前的很多摄像设备已经出现了60Hz、120Hz等超高帧频的参数性能。

↑ 24帧/秒的视频画面截图，可以看到截图并不是特别清晰　　↑ 60帧/秒的视频画面截图，可以看到截图更清晰

在视频性能参数当中，i与P代表的是视频的扫描方式。其中，i是Interlaced的首字母，表示隔行扫描；P是Progressive的首字母，表示逐行扫描。多年以来，广播电视行业采用的是隔行扫描，而计算机显示、图形处理和数字电影则采用逐行扫描。

影像的最基本构成单位是像素，但在传输时并不以像素为单位，而是将像素串成一条条的水平线进行传输，这便是视频信号传输的扫描方式。1080就表示将画面由上向下分为了1080条由像素构成的线。

逐行扫描是指同时将1080条扫描线进行传输；隔行扫描则是指把一帧画面的1080条扫描线分成两组，一组是奇数扫描线，另一组是偶数扫描线，分别进行传输。

相同帧频条件下，逐行扫描的视频，画质更高，但传输视频信号需要的信道更宽；所以在视频画质下降不是太大的前提下，采用隔行扫描的方式一次传输一半的画面信息，这会降低视频传输的代价。与逐行扫描相比，隔行扫描节省了传输带宽，但这也带来了一些负面影响，隔行扫描的垂直清晰度比逐行扫描低一些。

↑ 视频画面截图

⬆ 逐行扫描第一组扫描线　　　　⬆ 逐行扫描第二组扫描线

选择好录制视频的文件格式后就可以对帧频进行设置了，以佳能 EOS R5 相机为例，其最高可以支持120P的高帧频录制视频。高帧频不仅可以使视频画面看起来更流畅，而且为后期处理带来了许多可能，例如可以进行视频慢放等。

⬆ 在"短片记录画质"菜单中点击"高帧频"选项，再点击"启用"按钮即可开启

14.3　了解码率

码率也叫取样率，英文全称为Bits Per Second，指每秒传输的数据位数，常见单位为Kbps（千位每秒）和Mbps（兆位每秒）。码率越大，数据流的精度就越高，视频画面就越清晰，画面质量也越高。码率影响视频的体积，帧频影响视频的流畅度，分辨率影响视频的大小和清晰度。

以佳能 EOS R5 相机为例，可以通过相机内的"短片记录尺寸"菜单设置5种不同的压缩方式，分别为RAW 、RAW轻 、ALL-I 、IPB和IPB轻。在这5种压缩方式中，压缩率逐渐升高，因此视频码率依次降低。选择RAW格式，最高可以支持拍摄2600Mbps的视频。值得注意的是，如果要录制超高码率的视频，需要使用CF express 1.0及以上的SD卡，否则无法正常写入。以佳能 EOS R5 相机为例，在4K模式下录制一段格式为25P 100Mbps、时长为8分钟的视频，需要占用8GB存储空间，这是很庞大的数据量，所以在设置码率时一定要仔细斟酌。

➡ 在"短片记录尺寸"菜单中可以选择不同的压缩方式以拍摄合适码率的视频

14.4 了解视频编码

视频编码格式是指对视频进行压缩或解压缩的方式，或者对视频格式进行转换的方式。

压缩视频体积必然会导致数据的损失，如何在最小数据损失的前提下尽量压缩视频体积，是视频编码的第一个研究方向。视频编码的第二个研究方向是通过特定的编码方式，将一种视频格式转换为另外一种视频格式，如将AVI格式转换为MP4格式等。

视频编码主要有两大类，一是MPEG系列，二是H.26X系列。

1. MPEG系列（由国际标准组织机构下属的运动图像专家组开发）

（1）MPEG-1第二部分主要应用于VCD，有些在线视频也使用这种格式。

（2）MPEG-2第二部分等同于H.262，主要应用于DVD、SVCD和大多数字视频广播系统和有线分布系统中。

（3）MPEG-4第二部分可以用在网络传输、广播和媒体存储上，相比于MPEG-2和第一版的H.263，它的压缩性能有所提高。

（4）MPEG-4第十部分在技术上和H.264是相同的标准，有时也被称作"AVC"。

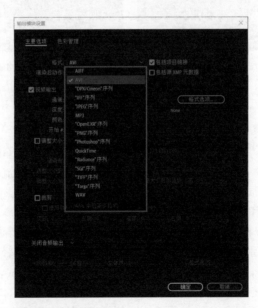

⬆ 视频编码格式设定界面

2. H.26X系列（由国际电传视讯联盟主导）

H.26X包括H.261、H.262、H.263、H.264、H.265等。

（1）H.261主要在视频会议和视频电话产品中使用。

（2）H.263主要用在视频会议、视频电话和网络视频产品中。

（3）H.264是一种视频压缩标准，也是一种被广泛使用的高精度的视频录制、压缩和发布格式。

（4）H.265是一种视频压缩标准，这种编码格式，不仅可以提升图像质量，同时还可达到H.264格式的两倍压缩率，可支持拍摄4K甚至超高画质视频，最高分辨率可达到8192像素×4320像素(8K)，这是目前发展的趋势。

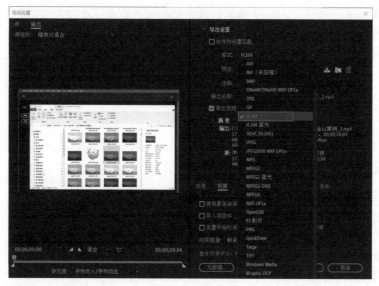

↑ 设定H.264视频编码格式

下面对视频参数表达中各参数的含义进行解释。

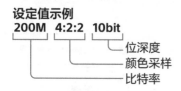

（1）比特率越高，越能够以高画质进行拍摄。

（2）颜色采样（4:2:2、4:2:0）是颜色信息的记录比率。该比率越均匀，色彩再现性越好，在使用绿色背景等进行合成时也能整齐地去除颜色。

（3）位深度是亮度信息的层次。8 bit时具有256等级的灰度级，10 bit时具有1024等级的灰度级。该数字越大，越能平滑表现明亮部分到黑暗部分的渐变。

4:2:2 10bit是以计算机进行编辑为前提的记录设置，播放环境有限。

14.5 了解视频格式

视频格式是指视频保存的格式，用于把视频和音频放在一个文件中，以方便同时播放。常见的视频格式有MP4、MOV、AVI、MKV、WMV、FLV/F4V、REAL VIDEO、ASF、蓝光等。

这些不同的视频格式，有些适合网络播放及传输，有些更适合在本地设备当中用某些特定的播放器进行播放。

1. MP4

MP4全称为MPEG-4，是一种多媒体计算机档案格式，扩展名为.mp4。

MP4是一种非常流行的视频格式，许多电影、电视视频格式都是MP4格式。其特点是压缩效率高，能够以较小的体积呈现出较高的画质。

⬆ MP4格式视频的大致信息

2. MOV

MOV是由苹果公司开发的一种音频、视频文件格式，也就是平时所说的QuickTime影片格式，常用于存储音频和视频等数字媒体信息。

它的优点是影片质量出色，不压缩，数据流通快，适合视频剪辑制作；缺点是文件体积较大。在网络上一般不使用MOV及AVI等体积较大的格式，而是使用体积更小、传输速度更快的MP4等格式。

⬆ MOV格式视频的大致信息

3. AVI

AVI是由微软公司在1992年发布的视频格式，其英文全称是Audio Video Interleaved，意为音频视频交错，可以说是最悠久的视频格式之一。

AVI格式调用方便、图像质量好，但体积往往比较大，并且有时候兼容性一般，在有些播放器上无法播放。

4. MKV

MKV是一种多媒体封装格式，有容错性强、支持封装多重字幕、可变帧速、兼容性好等特点，是一种开放标准的自由的容器和文件格式。

从某种意义上来说，MKV只是个壳子，它本身不编码任何视频、音频等。但它足够标准、足够开放，可以把其他视频格式的特点都装到自己的壳子里，尽管它本身在画质、音质等方面没有优势可言。

⬆ MKV格式视频的大致信息

5. WMV

WMV是Windows Media Video的缩写，是一种数字视频压缩格式，是由微软公司开发的一种流媒体格式，其主要特征是同时适合本地或网络回放、支持多语言、扩展性强等。

WMV格式最大的优势是在同等视频质量下，该格式的文件可以边下载边播放，因此很适合在网上播放和传输。

6. FLV/F4V

FLV是FLASH VIDEO的缩写，其实就是曾经非常火的FLASH格式。它的优点是体积非常小，所以FLV格式的文件特别适合在网上播放及传输。

F4V是继FLV之后，Adobe公司推出的支持H.264编码的流媒体格式，F4V格式视频比FLV格式视频更加清晰。

⬆ FLV格式视频的大致信息

7. REAL VIDEO

REAL VIDEO是由RealNetworks公司开发的一种高压缩比的视频格式，扩展名有RA、RM、RAM、RMVB。

REAL VIDEO格式主要用于在低速率的广域网上实时传输活动视频影像，可以根据网络数据传输速率的不同而采用不同的压缩率，从而实现影像数据的实时传输和实时播放。

⬆ RMVB格式视频的大致信息

8. ASF

ASF是Advanced Streaming Format的缩写，意为高级流格式，是微软公司为了与RealNetworks公司的REAL VIDEO格式竞争而推出的一种可以直接在网上观看视频的文件压缩格式。ASF使用了MPEG-4的压缩算法，压缩率和图像的品质都不错。

14.6　了解视频流

我们经常会听到"H.264码流""解码流""原始流""YUV流""编码流""压缩流""未压缩流"等叫法，实际上这是对视频是否经过压缩的不同称呼。

视频流大致可以分为两种，即经过压缩的视频流和未经压缩的视频流。

1. 经过压缩的视频流

经过压缩的视频流也被称为"编码流"，目前以H.264为主，因此也称为"H.264码流"。

2. 未经压缩的视频流

未经压缩的视频流也就是解码后的流数据，称为"原始流"，也常常称为"YUV流"。从"H.264码流"到"YUV流"的过程称为解码，反之称为编码。

第15章

CHAPTER 15

认识视频镜头语言

镜头语言就是用镜头拍摄的画面，它可以像语言一样表达我们的意思。简单来说，摄像机通过拍摄位置和拍摄方式来充分利用镜头表象的一些特点表达创作者的意图。拍视频就像写文章，而镜头语言就像是文章中的语法。在本章，笔者将讲解镜头语言以及分镜头剧本编写的相关知识。

↑ 赛车直播

15.1　运动镜头

15.1.1　起幅：运镜的起始

　　镜头是视频创作领域非常重要的内容，视频的主题、情感、画面形式等都需要有好的镜头作为基础。而如何表现固定镜头、运动镜头，如何进行镜头组接等，又是重要的知识与技巧。

　　运动镜头，实际上是指运动摄像，就是通过推、拉、摇、移、跟等手段所拍摄的镜头。运动镜头可通过移动手机（摄像机）的位置，或变化镜头的焦距来拍摄。运动镜头与固定画面相比，具有观者视点不断变化的特点。

　　运动镜头具有多变的景别、角度，能够形成多变的画面结构和视觉效果，更具艺术性。运动镜头会产生丰富多彩的画面效果，可使观者获得身临其境的视觉体验和心理感受。

　　一般来说，长视频中的运动镜头不宜过多，但短视频中的运动镜头要适当多一些，这样画面效果会更好。

起幅是指运动镜头开始的场面，要求构图合理，并且有适当的长度。

一般有表演的场面应使观者能看清人物动作，无表演的场面应使观者能看清景色。起幅的具体长度可根据情节内容或创作意图而定。起幅之后，才是真正运动镜头的动作开始。

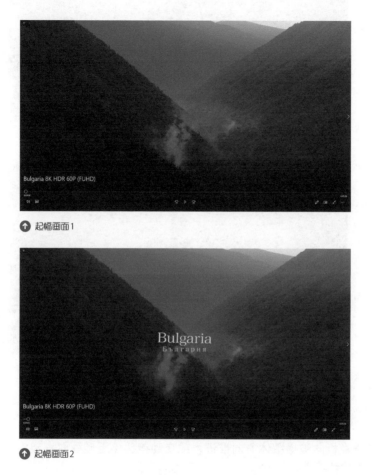

↑ 起幅画面1

↑ 起幅画面2

15.1.2 落幅：运镜的结束

落幅是指运动镜头终结的画面，与起幅相对应。在由运动镜头转为固定镜头时应平稳、自然，尤其重要的是准确，即能恰到好处地按照事先设计好的景物范围或被摄主体的位置停稳画面。

拍摄有表演的场面时不能过早或过晚地停稳画面，当画面停稳之后要有适当的长度使表演告一段落。如果是运动镜头接固定镜头的组接方式，那么运动镜头落幅的画面构图同样要求精确。

如果运动镜头之间相连接，画面也可不停稳，而是直接切换镜头。

↑ 落幅画面1

↑ 落幅画面2

15.1.3 推镜头：营造不同的画面氛围

推摄是摄像机向被摄主体方向推进，或变动镜头焦距使画面框架由远而近向被摄主体不断推进的拍摄方法。推镜头有以下画面特征。

随着镜头的不断推进，景别由较大不断向较小变化，这种变化是一个连续的递进过程，最后固定在被摄主体上。

推进速度的快慢要与画面的气氛、节奏相协调。推进速度缓慢可表现抒情、安静、平和等情绪，推进速度快则可表现紧张不安、愤慨、触目惊心等情绪。

推镜头在实际应用当中要注意以下两个问题。

（1）推动过程当中，要注意对焦位置始终在被摄主体上，避免被摄主体出现频繁的虚实变化。

（2）最好要有起幅与落幅，起幅用于呈现环境，落幅用于定格和强调被摄主体。

↑ 推镜头画面1

↑ 推镜头画面2

15.1.4　拉镜头：让观者恍然大悟

　　拉镜头正好与推镜头相反，手机逐渐远离被摄主体进行拍摄，当然也可通过变动焦距使画面由近而远，与被摄主体逐渐拉开距离。

　　拉镜头可真实地向观者交代主体所处的环境及其与环境的关系。在镜头拉开前，环境是未知的，镜头拉开后可能会给观者以"原来如此"的感觉。拉镜头常用于侦探、喜剧类题材当中。

　　拉镜头常用于故事的结尾，随着被摄主体渐渐远去、缩小，其周围空间不断扩大，画面逐渐扩展为广阔的原野、浩瀚的大海或莽莽的森林，给人以"结束"的感受，赋予抒情性的结尾。

　　拍摄拉镜头时，特别要注意提前观察周围环境，并预判镜头落幅的视角，避免最终视觉效果不够理想。

↑ 推镜头画面3

↑ 拉镜头画面1

↑ 拉镜头画面2

↑ 拉镜头画面3

15.1.5 摇镜头：替代观者视线

摇镜头是指机位固定不动，通过改变镜头朝向来呈现场景中的不同对象，就如同某个人进屋后眼睛扫过屋内的其他人员。实际上，摇镜头在一定程度上代表了摄影者的视线。

摇镜头多用于在狭窄或特别开阔的环境中快速呈现周边环境。例如人物进入房间内，眼睛扫过屋内的布局、家具陈列或人物；又如在拍摄群山、草原、沙漠、海洋等宽广的景物时，通过摇镜头快速呈现所有景物。

拍摄摇镜头时一定要注意拍摄过程的稳定性，否则画面的晃动会破坏镜头原有的效果。

⬆ 摇镜头画面1

⬆ 摇镜头画面2

⬆ 摇镜头画面3

15.1.6 移镜头：符合人眼视觉习惯的镜头

移镜头是指让摄影者沿着一定的路线运动来完成拍摄。例如，在行摄过程当中，汽车内的摄影者手持手机向外拍摄，随着汽车的移动，拍摄视角不断改变，这就是移镜头。

移镜头是一种符合人眼视觉习惯的镜头，让所有的被摄主体都能平等地在画面中得到展示，还可以使静止的对象运动起来。

因为摄影机需要在运动中拍摄，所以摄影机的稳定性非常重要。我们经常见到在影视作品的拍摄中，要使用滑轨来辅助完成移镜头的拍摄，主要就是为了提高摄影机的稳定性。

拍摄移镜头时，建议适当多取一些前景，这些靠近机位的前景的运动速度会显得更快，可以强调镜头的动感；还可以让被摄主体与机位进行反向移动，从而强调镜头的速度感。

↑ 移镜头画面1

↑ 移镜头画面2

↑ 移镜头画面3

15.1.7 跟镜头：增强现场感

跟镜头是指摄影机跟随被摄主体运动，且与被摄主体保持等距离拍摄。这样最终得到被摄主体不变，但景物却不断变化的效果，仿佛观者就跟在被摄主体后面，从而增强画面的临场感。

跟镜头具有很好的纪实意义，对人物、事件、场面的跟随记录会让画面显得非常真实，在纪录类题材的视频或短视频中较为常见。

↑ 跟镜头画面1

↑ 跟镜头画面2

↑ 跟镜头画面3

15.1.8 升降镜头：营造戏剧性效果

摄影机在面对被摄主体时，进行上下方向的运动并拍摄的方法，称为升降镜头。这种镜头可以从多个视点表现被摄主体或场景。

升降镜头在速度和节奏方面的合理运用，可以让画面呈现出一些戏剧性效果，或强调被摄主体的某些特质，例如可能会让人感觉被摄主体特别高大等。

⬆ 升镜头画面1

⬆ 升镜头画面2

⬆ 升镜头画面3

⬆ 降镜头画面1

⬆ 降镜头画面2

⬆ 降镜头画面3

15.2 镜头组接规律

15.2.1 景别组接的4种方式

一般来说，两个及以上镜头组接起来，景别的变化幅度不宜过大，否则组接后的视频画面容易出现跳跃感，显得不够平滑、流畅。简单来说，如果从远景直接过渡到特写，那么跳跃性就非常大；当然，跳跃性大的景别组接也是存在的，即我们后续将要介绍的两极镜头。

1. 前进式组接

这种组接方式是指景别由远景、全景向近景、特写过渡，这样景别变化幅度适中，不会给人跳跃的感觉。

➡ 远景画面

➡ 全景画面

➡ 中景画面

↑ 特写画面

2. 后退式组接

这种组接方式与前进式组接正好相反，是指景别由特写、近景向全景、远景过渡，视频最终可以呈现出细节到场景全貌的变化。

3. 环形组接

这种组接方式其实就是将前进式组接与后退式组接结合起来使用，景别先由远景、全景、近景向特写过渡，之后再由特写、近景、全景向远景过渡。当然，也可以先出现后退式组接，再出现前进式组接。

4. 两极镜头

所谓两极镜头，是指镜头组接时由远景接特写，或由特写接远景，画面的跳跃性非常大。两极镜头让观者有较大的视觉落差，容易形成视觉冲击，一般在影片开头和结尾时使用，也可用于段落开头和结尾；不适宜用作叙事镜头，容易造成叙事不连贯的问题。

↑ 远景画面

↑ 中景画面

除上述几种组接方式之外，在进行不同景别的组接时还应该注意以下方面。

同机位、同景别，又表现同一被摄主体的镜头最好不要组接在一起，因为这样剪辑出来的视频画面当中的景物变化幅度非常小，不同镜头画面看起来过于相似，有堆砌镜头的感觉，好像同一镜头在不停地重复，没有逻辑可言，给观者的感觉自然不会太好。

15.2.2　固定镜头组接

对于固定镜头，摄影机位置、镜头光轴和焦距都固定不变，而被摄主体可以是静态的 ，也可以是动态的，唯一的决定性因素是画面是固定不动的。固定镜头的核心就是画面所依附的框架不动，画面中的人物可以任意移动、入画出画，同一画面的光影也可以发生变化。

固定镜头有利于表现静态环境。在实际拍摄当中，我们常用远景、全景等大景别固定画面，交代事件发生的地点和环境。

↑ 固定镜头画面1

　　视频剪辑当中，固定镜头尽量要与运动镜头搭配使用，如果使用了太多的固定镜头，容易造成零碎感，不如运动镜头可以比较完整、真实地记录和再现生活原貌。

　　并不是说固定镜头之间就不能组接，在一些特定的场景当中，固定镜头之间的组接也是比较常见的。

　　例如我们看电视新闻节目，不同主持人播报新闻时，中间可能没有穿插运动镜头，而是直接进行固定镜头之间的组接。

⬆ 电视新闻节目中经常会见到固定镜头之间的组接

　　又如表现某些特定风光场景时，不同固定镜头呈现的可能是这个场景中不同的风光，有流云、星空、明月、风雪等，此时进行固定镜头之间的组接，视频画面就会非常有意思。但要注意的是，拍摄同一个场景时，不同的固定镜头之间进行组接，镜头的长短最好要相近，否则组接后的画面就会产生混乱感。

　　下面4个画面显示的是酒店周边的同一个场景，同样用固定镜头拍摄，但显示了不同时间段的天气信息。

↑ 固定镜头画面1

↑ 固定镜头画面2

↑ 固定镜头画面3

↑ 固定镜头画面4

15.2.3 相似画面固定镜头组接的技巧

对于表现同一场景、同一主体的相似画面，且画面中各种元素的变化不是太大时，如何进行固定镜头之间的组接呢？其实也有解决办法，那就是在不同固定镜头中间用空镜头、字幕等进行过渡，这样组接后的视频画面就不会有强烈的堆砌感与混乱感。

15.2.4 运动镜头组接

运动镜头模拟了观者的视线移动，能更容易地增强观者的参与感，吸引观者的注意力，引起观者强烈的心理感应。

运动镜头组接并不限于运动镜头之间的组接，还包括运动镜头与固定镜头的组接。从镜头组接的角度来说，运动镜头组接是非常复杂和难以掌握的一种技能，特别考验影视剪辑人员的功底与创作意识，因为其中还涉及镜头起幅与落幅、剪辑点的相关知识。

1. 动接动：运动镜头之间的组接

运动镜头之间的组接要根据被摄主体、运动镜头的类型来判断是否保留起幅与落幅。

举一个简单的例子，在拍摄婚礼等庆典场景时，不同的主体人物、人物动作镜头进行组接，那么镜头组接处的起幅与落幅就要剪掉；而拍摄一些表演性质的场景时，因为对不同的表演者都要进行强调，所以即便是不同的主体人物，镜头组接处的起幅与落幅也可能要保留。之所以说是可能要保留，是因为有时要追求紧凑、快节奏的视频效果，这时需要剪掉镜头组接处的起幅与落幅。

运动镜头之间的组接要根据视频想要呈现的效果来进行处理，所以说它是比较难掌握的。

↑ 运动镜头画面1

↑ 运动镜头画面2

2. 静接动：固定镜头和运动镜头组接

大多数情况下，固定镜头与运动镜头组接时需要在镜头组接处保留起幅或落幅。如果固定镜头在前，那么运动镜头起始最好要有起幅；如果运动镜头在前，那么镜头组接处要有落幅，避免组接后画面的跳跃性太大，令人感到不适。

上述介绍的是一般规律，在实际应用当中，我们可以不必严格遵守这种规律，只要不是大量堆积固定镜头，而是在中间穿插一些运动镜头，就可以让视频整体效果流畅起来。

　　下面几个镜头表现的是酒店的环境，开始用2个固定镜头来展现山水意境，后接3个运动镜头以展现酒店环境。

⬆ 固定镜头画面1

⬆ 固定镜头画面2

⬆ 运动镜头画面1

↑ 运动镜头画面2

↑ 运动镜头画面3

15.2.5 轴线组接

轴线组接的概念及使用都很简单，但又非常重要，一旦出现违背轴线组接规律的问题，那么视频就会不连贯，使人感觉非常跳跃，不够自然。

所谓轴线，是指主体运动的线路，或对话人物之间的连线。

看电视剧时，如果你观察够仔细，就会发现尽管有多个机位，但摄影机总是在对话人物的一侧进行拍摄，如在人物的左手侧或右手侧。如果拍摄同一个场景，有的机位在人物左侧，有的机位在人物右侧，那么这两个机位的镜头就不能组接在一起，否则就称为"越轴"或"跳轴"。除了特殊的需要以外，这种画面是不能组接的。

所以一般情况下，被摄主体进出画面时，我们总是从轴线一侧拍摄。

15.3 长镜头

15.3.1 认识长镜头

视频剪辑领域的长镜头与短镜头，并不是指镜头焦距长短，也不是指摄影器材与拍摄主体的距离远近，而是指单一镜头的持续时间。一般来说，单一镜头的持续时间超过10s，可以称为长镜头，不足10s则可以称为短镜头。

15.3.2 固定长镜头

拍摄机位固定不动，连续拍摄一个场面的长镜头，称为固定长镜头。

⬆ 固定长镜头画面1

⬆ 固定长镜头画面2

15.3.3 景深长镜头

用深景深的参数拍摄，使所拍场景远景中的景物（从前景到后景）都非常清晰，并进行持续拍摄的长镜头称为景深长镜头。

例如，我们拍摄人物时由远走近，或由近走远，用景深长镜头拍摄，可以让远景、全景、中景、近景、特写等都非常清晰。一个景深长镜头实际上相当于一组远景、全景、中景、近景、特写镜头组合起来所表现的内容。

15.3.4 运动长镜头

用推、拉、摇、移、跟等运动镜头的拍摄方式呈现的长镜头，称为运动长镜头。一个运动长镜头就可能将不同景别、不同角度的画面收在一个镜头当中。

商业摄影当中，运动长镜头的数量更能体现创作者的水准，运动长镜头视频素材的商业价值也更高一些。在一些大型庆典、舞台节目中，运动长镜头可能会比较多。我们也可以这样认为，越是重要的场面，越要使用运动长镜头进行表现。

↑ 运动长镜头（推镜头）画面1

↑ 运动长镜头（推镜头）画面2

一些业余爱好者剪辑的短视频中，单个镜头只有几秒，并且镜头之间运用大量转场效果，这看似是一种"炫技"行为，实际上恰好暴露了自己的弱点。

一般来说，长镜头更具真实性，在时间、空间、过程、气氛等方面都给人非常连续的感觉，排除了一些做假、使用替身的可能性。

15.4 空镜头的使用技巧

空镜头又称景物镜头，是指不出现人物（主要指与剧情有关的人物）的镜头。空镜头有写景与写物之分。前者通常称为风景镜头，往往用全景或远景表现；后者又称细节描写，一般采用近景或特写表现。

空镜头常用来介绍环境背景、交代时间与空间信息、酝酿情绪氛围、过渡转场等。

一般情况下，我们拍摄的短视频中，空镜头大多用来衔接人物镜头，实现特定的转场效果或交代环境等。

⬆ 运动镜头画面1

⬆ 空镜头画面

⬆ 运动镜头画面2

15.5 分镜头设计

15.5.1 正确了解分镜头

分镜头是指电影、动画、电视剧、广告等各种视频或偏视频的影像，在实际拍摄之前，以故事画板的方式来说明连续画面的构成，将连续画面以运镜为单位进行分解，并且标注运镜方式、时间长度、对白、特效等的方式。分镜头借助于故事画板把镜头分清楚，故事画板越是细腻，拍摄效率就越高。

从视频的角度来说，分镜头是创作者（可能是视频拍摄兼剪辑）构思的具体体现。在拍摄视频之前，可以将视频内容分为一个个镜头，写出或画出分镜头剧本。

从理论上来讲，分镜头剧本应该具备以下几点要素。

（1）充分体现创作者的创作意图、创作思想和创作风格。

（2）分镜头运用必须流畅自然。

（3）画面形象必须简洁易懂。（分镜头的目的是要把创作者的创作意图大致说清楚，不需要太多的细节，细节太多反而会影响对总体的认识。）

（4）分镜头间的连接必须明确。（一般不标明分镜头的连接，只有分镜头序号变化的，其连接都为切换，如需溶入溶出，分镜头剧本上都要标清楚。）

（5）对话、音效等必须明确标识，而且应该标识在恰当的分镜头画面下。

通过对每个镜头的精心设计和段落之间的衔接处理，表现出创作者对视频内容的整体布局使用的叙述方法，以及对细节的处理。创作者会将自己的全部创作意图、艺术构思和独特的风格都表现出来。

15.5.2 怎样设计分镜头剧本

（1）首先要想好视频的起始、高潮与结束各个阶段，从头到尾按顺序列出总的镜头数；然后考虑哪些地方应详细一些，哪些地方可简化一些，如何把握总体节奏，结构的安排是否合理，是否要给予必要的调整。

（2）根据拍摄场景和内容定好次序后，按顺序列出每个镜头的镜号。

（3）确定每个镜头的景别：景别的选择对视频效果有很重要的影响，并能改变视频的节奏、景物的空间关系和人们认识事物的规律。

（4）规定每个镜头的拍摄方式和镜头间的组接方式。

（5）估计镜头的长度。镜头的长度取决于阐述内容和观者领会镜头内容所需要的时间，同时还要考虑到情绪的延续、转换或停顿所需要的长度（以秒为单位进行估算）。

（6）完成视频大部分的构思，搭建基本框架；然后考虑次要的内容和转场的方法；在这个过程中可能需要补一些镜头片段，最终让整个剧本完整起来；最后形成一个完整的分镜头剧本。

（7）要充分考虑到字幕、声音的作用，以及这两者与画面的对应关系，对背景音乐、独白、文字信息等都要进行设计。

镜头	摄法	时间	画面	解说	音乐	备注
1	采用全景,背景为昏暗的楼梯,机位不动	4秒	女孩A、B忙碌了一天,拖着疲惫的身体爬楼梯	背景是傍晚昏暗的楼道,凸显主人公的疲惫	《有模有样》插曲	两个女孩侧对镜头,距镜头5米左右
2	采用中景,背景为昏暗的楼道,机位随着两个女孩的变化而变化	5秒	两个人刚走到楼梯口就闻到了一股泡面的香味,飞快地跑回宿舍	昏暗的楼道与两人飞快的动作相呼应,突出两人的疲惫	《有模有样》插曲	刚到楼道口时,两个女孩正对镜头。跑步过程中两人侧对镜头,一直到背对镜头
3	近景,宿舍,机位不动,俯拍	1秒	另一个女孩c正准备在宿舍吃泡面	与楼道外飞奔的两人形成鲜明的对比	《有模有样》插曲	俯拍,被摄主体距镜头2米
4	近景,宿舍门口,平拍,定机拍摄	2秒	两个女孩在门口你推我搡地不让彼此进门	突出两人的饥饿,与窗外的天空相呼应	《有模有样》插曲	平拍,被摄主体距镜头3米
5	近景,宿舍,机位不动	2秒	女孩c很开心地夹起泡面正准备吃	与门外的两个女孩形成对比.	《有模有样》插曲	被摄主体距镜头2米

⬆ 故事短片的分镜头剧本示例

15.6 故事画板

15.6.1 认识故事画板

故事画板起源于动画行业,后延伸到电影、微电影行业,其作用是安排剧情中的重要镜头,相当于一个可视化的剧本,而非简单的分镜头剧本。

对于一部电影或微电影来说,故事画板是必不可少的。导演在拍摄一组镜头前,一般都会预先画出镜头画面,且以速写为主。导演在故事画板上以速写画的形式把分镜头表现出来,这就是人们常说的分镜头分析。

对于视频拍摄来说,如果拍摄之前有故事画板的支持,那么最终展示的效果会好很多,主要是画面之间有内在的相互联系和衔接,整个视频会更流畅、自然。故事画板展示了各个镜头之间的关系,以及它们是如何串联起来的,能给观者一次完整的体验。

15.6.2 分镜头剧本与故事画板的区别

很多初学者可能会误认为分镜头剧本与故事画板是一回事,尽管两者确有相似之

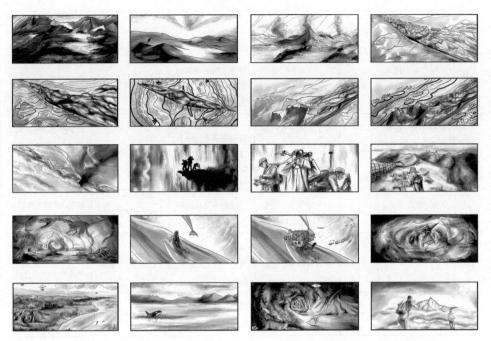

↑ 专业的故事画板往往需要专业美工人员才能制作出

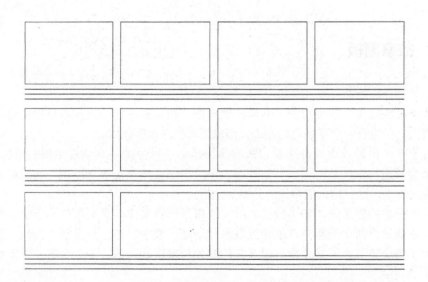

↑ 故事画板的格式

处，并且在一些特定场合中也会混用，但两者实际上是存在一定区别的。

例如，我们要拍一段由多个镜头组成的视频，那么一种比较合理的操作方法是这样的：创作者先进行分镜头剧本的创作；然后由美术指导或平面设计人员根据分镜头剧本，用画稿或真实照片的形式创作一套与成片镜头一致、景别一致、角度一致、节奏一致的形象化、视觉化的绘本，这套绘本便是故事画板；在每个画格的画框底下都会有与画面对应的视听语言的说明和描述，以及旁白的文字。

故事画板的画面要求是勾勒出本镜头的大量元素，包括形象造型、场景造型、景别、影调、色彩，以及运动镜头的起幅画面和落幅画面（各占一格）。

第16章

使用佳能EOS微单相机
拍摄视频的操作步骤

强大的视频拍摄性能一直都是佳能专业相机的特色，而使用佳能 EOS R5（R6）相机可以拍摄8K视频，让人感到十分惊喜。8K短片拍摄功能极大地提升了短片的影像品质，而支持触控的液晶监视器则令视频拍摄过程更加轻松。此外，延时短片等功能的出现，则为视频的拍摄带来了更丰富、更时尚的玩法。

16.1 了解视频拍摄状态下的信息显示

在视频拍摄状态下，屏幕中会显示许多参数与图标，了解这些参数与图标的含义有利于用户更高效地拍摄视频。以佳能 EOS R5相机为例，下面对视频拍摄过程中屏幕中出现的参数与图标进行解释。

① 曝光模式为Av模式。

② 当前文件格式下能够录制时长为29：59的短片。

③ 电池剩余电量。

④ 速控图标。

⑤ 录制图标。

⑥ 用于记录／回放的存储卡。

⑦ 白平衡校正。

⑧ 照片风格，当前为标准风格。

⑨ 自动亮度优化。

⑩ 蓝牙功能。

⑪ Wi-Fi功能。

⑫ 光圈与曝光补偿。

⑬ 短片自拍定时器。

⑭ 短片伺服自动对焦。

⑮ HDR短片。

⑯ 耳机音量。

⑰ 短片记录尺寸为4K 50P IPB压缩格式。

⑱ 自动对焦方式。

⑲ 图像稳定器。

在拍摄视频的过程中，可以按INFO按钮来切换显示不同的信息，从而使信息以不同的取景模式进行显示。

↑ 显示主要信息

↑ 不显示信息

↑ 显示直方图与水平仪

↑ 仅显示拍摄信息

16.2　录制视频的简易流程

下面以佳能 EOS R5 相机为例，讲解录制视频的简易流程。

（1）按MODE按钮（见右下图①）进入拍摄模式选择界面，如果显示的是照片拍摄界面，则需按INFO按钮切换到短片拍摄模式选择界面。

（2）根据需求切换相机曝光模式为Tv、M、Av等模式，按SET按钮确认。

（3）通过自动对焦或手动对焦方式对被摄主体进行对焦。

（4）按红色的短片拍摄按钮（见右下图②），即可开始录制短片。录制完成后，再次按短片拍摄按钮即可结束录制。

↑ 选择合适的曝光模式并开始录制

↑ 选择合适的曝光模式

↑ 拍摄前可以手动或自动对焦

虽然录制视频的流程很简单，但想要录制一段高质量的视频，还需要对曝光模式、对焦方式、视频参数等的设置相对熟悉。只有理解并正确设置这些参数，才能减轻后期负担并产出高质量的视频作品。下面将详细介绍进阶拍摄参数的设置。

↑ 开始录制视频

16.3　设置进阶拍摄参数

16.3.1　设置视频格式与画质

本小节主要介绍怎样设定所拍摄视频的画质，这是一项非常重要的功能设定。佳能 EOS R5 相机最高支持机内录制 8192 像素 × 4320 像素的 8K 视频，它的清晰度 4 倍于 4K 视频，因此充分利用此设定能有效地拍摄视频。

在视频拍摄模式下，按 MENU 按钮进入菜单后，可以看到"短片记录画质"选项，按 SET 按钮确认。

↑ "短片记录画质"选项

↑ 选择分辨率、帧频及压缩方式（码率）

↑ 开启4K HQ模式以获得更高画质的4K短片（佳能 EOS R6相机无此功能）   ↑ 设置4K HQ模式下的参数

下表是不同短片尺寸对应的分辨率及画面长宽比。

图像大小	分辨率	长宽比
8K·D	8192 像素×4320 像素	17:9
8K·U	7680 像素×4320 像素	16:9
4K·D	4096 像素×2160 像素	17:9
4K·U	3840 像素×2160 像素	16:9
FHD	1920 像素×1080 像素	16:9

16.3.2 设置视频拍摄中的快门速度

用微单相机拍摄视频，快门速度的设置非常重要。它不仅关乎画面的曝光是否正确，而且对视频画面的质量影响很大。

首先，用微单相机拍摄视频时，一般要采用M模式来调整快门速度，不能使用全自动、Av或Tv模式。其次，要确保曝光正确。快门速度决定着进光的时间长短，它与光圈一起决定了进光量，也就是画面整体的明暗效果。

在确保曝光正确的同时，快门速度的设定还必须考虑两个因素：一是确保运动画面（机身运动）和画面内被摄物体运动（画面内人或物的运动）的视觉流畅感，二是避免出现某种光源（如日光灯）下的频闪。

在拍摄照片时，快门速度越高，捕捉到的动作就越清晰。但在拍摄视频时，快门速度设置得过低或过高，都会导致视频中物体的运动变得不流畅。快门速度过低会导致运动物体产生拖影，过高会导致运动物体产生某种抖动。

→ 快门速度过高会导致视频中的运动物体产生抖动

所以根据经验来总结：将快门速度设定为帧频的2倍为最佳选择。也就是说，如果帧频设定为24帧/秒或25帧/秒，就把快门速度设定为1/50秒；如果帧频是30帧/秒，就把快门速度设定为1/60秒；如果帧频是50帧/秒，就把快门速度设定为1/100秒；如果帧频是60帧/秒，就把快门速度设定为1/125秒。

当然，如果画面中没有明显处于运动状态的被摄物体，快门速度的设置可以不受上述方法的限定，但快门速度的数值至少不能低于拍摄时的帧频。例如，当帧频设定为50帧/秒时，快门速度要高于1/50秒。

⬆ 快门速度过低会导致视频中的运动物体产生拖影

16.3.3 开启短片伺服自动对焦

在拍摄视频时，有两种对焦方式可供选择，一种是自动对焦，另一种是手动对焦。而自动对焦中又包含能够对运动物体进行实时对焦的短片伺服自动对焦功能。

短片伺服自动对焦是指针对运动中的被摄物体进行连续自动对焦。在一般的自动对焦方式下，半按快门按钮后对焦点位置会被锁定，而在短片伺服自动对焦方式下，对焦点的位置是随被摄物体的移动而变化的。对于拍摄一些移动中的目标，如汽车、飞机等，这一功能是十分方便的。

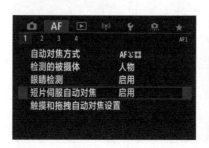

⬆ 在"AF"菜单的"1"选项卡中点击"短片伺服自动对焦"选项，即可开启此功能

开启短片伺服自动对焦功能之后，在拍摄期间，即使不半按快门按钮相机也能自动识别运动主体进行对焦。值得注意的是，如果在短片记录期间执行自动对焦操作或者操作相机或镜头，相机的内置麦克风可能会记录镜头机械声或相机／镜头操作音。在这种情况下，使用外接麦克风可能会避免录入这些声音。如果使用外接麦克风时，视频录制仍然受到这些声音的干扰，将外接麦克风从相机上取下并使其远离相机和镜头可能会非常有效。

↑ 通过上面的3幅图我们可以看到，随着小船不断向镜头靠近，相机能够始终保持跟焦

16.3.4 设置短片伺服自动对焦追踪灵敏度与速度

短片伺服自动对焦追踪灵敏度指的是对焦灵敏度，数值越偏向"敏感"则对焦追踪灵敏度就越高，会快速更换对焦主体；反之则相当于锁定对焦，不会改变对焦主体。这个参数在拍摄快速运动的物体时很有用，当数值很大时相机会很快做出判断，保证对焦点的准确。

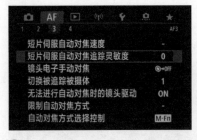
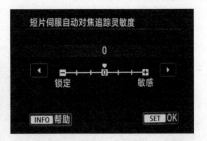

↑ 在"AF"菜单的"3"选项卡中点击"短片伺服自动对焦追踪灵敏度"选项，向左或向右滑动滑块可设置应对不同场景的数值

➡ 在这个拍摄场景中，如果赛车被其他摄影者遮挡，短片伺服自动对焦追踪灵敏度数值过大，则对焦点就会落在摄影者身上，因此对焦追踪灵敏度必须合理设置

　　开启短片伺服自动对焦功能后，为了让对焦点转移更加自然，需要对短片伺服自动对焦速度进行设置。短片伺服自动对焦速度越慢，对焦点转移速度越慢，画面看起来会很柔和顺畅；短片伺服自动对焦速度越快，对焦点转移速度越快，相机能够快速识别不同被摄主体从而改变对焦点的位置。

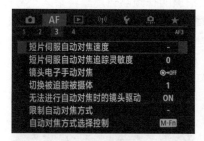 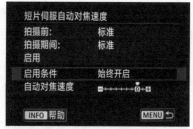

↑ 在 "AF" 菜单的 "3" 选项卡中点击 "短片伺服自动对焦速度" 选项，点击 "启用条件" 选项

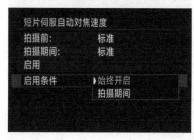 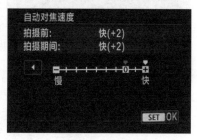

↑ 点击 "始终开启" 或 "拍摄期间" 选项，向左或向右滑动滑块可设置自动对焦速度，然后按SET按钮确定

　　如果点击 "始终开启" 选项，那么在 "自动对焦速度" 菜单中设置的数值会在短片拍摄前与拍摄中都生效；如果点击 "拍摄期间" 选项，则该数值仅在短片拍摄过程中生效。

16.3.5　设置录音参数

　　启用录音功能后，在录制视频的同时，可以使用相机的内置麦克风录制声音。录制声音时可以在相机中设定录制的灵敏度等参数。

　　但要注意的是，现场录音的音质未必会很好，因此也可以考虑在后期软件中进行音频的制作。

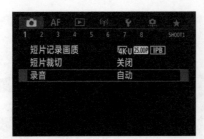
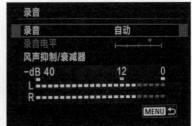

⬆ 在拍摄菜单的"1"选项卡中点击"录音"选项，在打开的界面中点击可以修改不同参数

在室外大风环境录制视频时，建议将"风声抑制"选项开启，这样可以过滤掉风声。在录制声音较大的动态影像时，建议将"衰减器"设定为"启用"，这样可以最大限度地使录制的声音保真。

16.3.6 灵活运用相机的防抖功能

手持相机拍摄视频，手部的抖动会导致拍摄的视频颤抖严重，给人不舒服的感觉。佳能EOS R5（R6）相机具备防抖功能，即数码IS。开启该功能后，可以有效抑制手部抖动带来的视频颤抖，增强视频画面的稳定性。

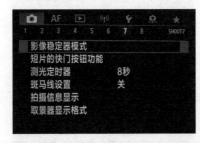

⬆ 在拍摄菜单的"7"选项卡中点击"影像稳定器模式"选项，在"数码IS"中点击"开"或"增强"选项，然后按SET按钮确定

需要注意的是，在使用三脚架拍摄时，由于本身无抖动，就应该关闭该功能。镜头焦距越短，视野越广，则防抖效果越明显。

➡ 在拍摄夜景视频时，如果是手持拍摄，建议打开相机防抖功能以获得更好的画质及流畅的效果

16.4 拍摄快或慢动作视频

16.4.1 录制延时短片

慢动作拍摄可以将短时间内的动作变化以更高的帧频记录下来，并且在播放时以高倍速慢速播放，可以使观者更清晰地看到某个过程中的每个细节，一般用于记录肉眼无法捕捉的瞬间。

延时短片是非常特殊的一种视频形式。要获得这种视频，需要先获得大量的同一视角的静止图像，这些静止图像要有一定的时间间隔；再将这些静止图像拼接在一起，在极短的时间内演绎较长时间的拍摄场景变化。

举一个例子，你使用三脚架，稳定好相机后就不再挪动（当然，借助于专用的轨道，你也可以拍摄视角有变化的延时短片）；然后每隔10秒拍摄一张照片，这样拍摄24小时；再利用视频剪辑软件将这些照片拼在一起，最终的视频长度将会是6分钟多一点（按24帧/秒计算）。从这个角度看，这更像是一种视频快进。但由于视频的每一帧都是质量很好的照片，所以播放时你会看到画面质量是很好的，远好于视频快进时的画面质量。

延时摄影在最近几年变得很火，非常适合拍摄植物生长、一天之中景物的光影变幻、天体运动等题材。其实我们上面介绍的便是进行延时摄影的传统做法，用户不单要拍摄，还要掌握在视频剪辑软件中用照片合成视频的技巧。佳能 EOS R5（R6）相机却将用户从视频后期合成的工作中解放了出来，用户可以在相机内直接设定拍摄延时短片，最终输出的不再是多张照片，而是一部完整的延时短片。

具体拍摄时也比较简单，只需要在拍摄菜单中选择延时短片功能。对拍摄的参数进行设定，接下来就是等待视频拍摄完成了。

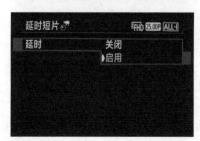

↑ 在拍摄菜单的"5"选项卡中点击"延时短片"选项，启用"延时"功能之后即可对间隔、张数、短片记录尺寸、自动曝光、屏幕自动关闭以及拍摄图像的提示音选项进行设置

間隔 | 張数

輸入時:分:秒

00 : 00 : 03 | 0 3 0 0

🎥 00:14:57 ▶ 00:00:12 | 🎥 00:14:57 ▶ 00:00:12

確定 取消 | 確定 取消

延时短片 | 延时短片

短片記録尺寸 | 固定第一帧
自动曝光 | 每一帧

↑ "間隔"是指每隔多长时间拍摄一张照片,"张数"是指限定总共拍摄多少张照片。"自动曝光"选择"固定第一帧"选项,则拍摄第一张照片时会根据测光结果自动设定曝光,首次曝光的参数将应用到之后的拍摄当中去;选择"每一帧"选项则每次拍摄都会重新测光

↑ 延时短片在播放时会有很明显的特征,人眼看来近乎静止的对象会在视频中拖出漂亮的动感模糊轨迹,而其他景物则处于静止状态。视频的动感很强,让人感到震撼

完成设置后，相机最终会在屏幕下方显示要拍摄多长时间，以及按当前参数拍摄的视频的放映时长。设定好参数之后可先进行试拍，确定对焦、光圈、快门速度、感光度等设定没问题之后，就可以按机身的视频拍摄按钮开始拍摄了，接下来就是等待视频拍摄完成。

16.4.2 录制高帧频短片

拍摄快或慢动作视频可以记录动作激烈的体育运动场景、鸟儿起飞的瞬间、花蕾绽放的样子以及云彩和星空变化的模样等。在拍摄高帧频短片以及延时短片时，声音是不会被记录的。

↑ 在"短片记录画质"菜单中将"高帧频"选项开启，然后按SET按钮确定

下表是录制高帧频短片时的帧频与视频放映时帧频的关系，以供参考。

S&Q 帧频	S&Q 记录帧频		
	25P	50P	100P
200fps	8倍慢速	4倍慢速	2倍慢速
100fps	4倍慢速	2倍慢速	通常的播放速度
50fps	2倍慢速	通常的播放速度	2倍快速
25fps	通常的播放速度	2倍快速	4倍快速
12fps	2.08倍快速	4.16倍快速	8.3倍快速
6fps	4.16倍快速	8.3倍快速	16.6倍快速
3fps	8.3倍快速	16.6倍快速	33.3倍快速
2fps	12.5倍快速	25倍快速	50倍快速
1fps	25倍快速	50倍快速	100倍快速

↑ 以高速快门抓拍飞行中的鸟类时，开启"高帧频短片"功能能让视频画面变得更有趣、耐看

16.5　利用 Canon Log 保留画面中更多的细节

16.5.1　什么是伽马曲线与 Log

伽马（Gamma）是指成像物件形成画面的"反差系数"。如果伽马曲线比较陡，则输出的画面反差比较高；如果伽马曲线比较缓，则输出的画面反差比较低。所谓伽马，其实就是成像物件对入射光线做出的"反应"。根据成像物件在不同亮度下的不同反应值获得的曲线，就是伽马曲线。

人眼是非线性的"设备"，当你提高 2 倍的亮度，人眼会觉得只亮了一点点；当你提高到 8 倍亮

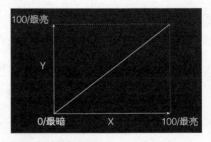

↑ 709模式下的伽马曲线

度，人眼就觉得"这应该比原来亮 2 倍了"。正因为这种特性，人眼可以同时看清亮度差别很大的物体。例如我们逆着阳光，可以看清天上的云朵和树干上的纹理；在黑暗的房间里，我们可以同时看清蜡烛的火焰和角落里的拖鞋。尽管这些物体（云朵和树干、火焰和拖鞋）的亮度差非常大，但人眼并不会觉得它们的差异很大，这就是"非线性系统"的本事。

人眼作为一个"成像物件"，其伽马曲线不是一条直线，说明人眼对光线的反应是非线性的。而胶片和 CCD、CMOS 等感光元件也是成像物件，它们对光线的反应又如

何呢？

　　胶片在发明和发展的过程中，用化学成像的方式充分模拟了人眼"非线性感受光的能力"。胶片在其宽容度范围内，对光线强弱变化的反应比较接近人眼，因此经曝光冲洗获得的相片就被认为是"正确和真实"的，其画面跟人眼看到的差不多。

　　CCD/CMOS等感光元件的成像方式是通过像点中的"硅"感受光线的强弱而获得画面。而硅感光是物理成像，它真实地反应了光线强度的变化，光线来多少就输出多少，因此它对光线的反应是线性的。以下面两个伽马曲线为例进行分析。

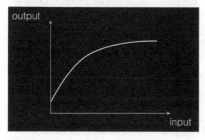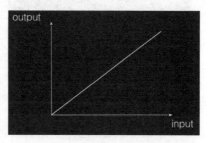

⬆ 面对同一个场景，左边是人眼看到画面的伽马曲线，右边是CCD成像画面的伽马曲线。横坐标是入射光线，纵坐标是人眼反应或CCD反应

　　入射光线从全黑到有一点亮度的时候，人眼就觉得"嗯，够亮了"；然后，光线继续加强，到了很强的时候，人眼的反应却变得非常迟钝，亮度再高也不会觉得亮了很多。人眼对光线变化的这条"反应曲线"就是人眼的"伽马曲线"。上图中，右边是感光元件成像画面的伽马曲线，实际上，感光元件获得的光线跟人眼获得的光线是一样的，只是反应不同；换句话说，人眼所获得的画面数据，感光元件也同样都获取了。那么，要想输出一张"像人眼看到的那样"的画面，只需要调整一下感光元件"对光线的反应"就可以了（将线性改为非线性）。

　　因此各大相机厂商就推出了符合各家感光元件的伽马曲线，这就有了现在统称的Log。例如佳能的C.Log、索尼的S-Log、松下的V-Log以及BMD电影模式。这样画面的宽容度就会大大提高，使阴影和高光的细节都能保存下来，更接近人眼的视觉。

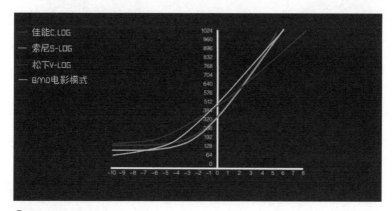

⬆ 各个相机厂商推出的Log

16.5.2 设置拍摄 Canon Log

Canon Log（简称C.LOG）可发挥图像感应器的特性，从而为后期制作中要处理的短片获取宽广的动态范围。在将阴影和高光的细节损失控制在最小范围的情况下，短片在整个动态范围内可保留更多的可视信息。

在拍摄菜单的"3"选项卡中点击"Canon Log设置"选项，选择录制C.LOG或C.LOG3格式的短片

C.LOG与C.LOG3是佳能微单相机最有名的两条伽马曲线。首先是C.LOG，它具有伽马曲线中非常大的动态范围，以至于即使画面具有强烈的明暗对比也能获得丰富的细节。使用C.LOG拍摄出来的原片画面是灰蒙蒙的，只有通过后期处理才能还原出真实的画面。而C.LOG3与C.LOG相比动态范围更广，原片的对比度更低，适合拍摄光比非常大的场景。

虽然C.LOG相对于其他伽马曲线来说宽容度要大一些，但也必须要进行后期处理。C.LOG并不适合拍摄所有题材，因为C.LOG在参数上的最大特点就是感光度最低是500或者800。同时我们也知道，使用高感光度拍摄很容易让画面产生噪点，因此光线充足或者光线不足且明暗对比不大的场景是不适合使用C.LOG来拍摄的。

这是使用Canon Log拍摄的原片与经过LUT还原后的对比图。可以看到，原片灰蒙蒙的，对比度与饱和度都很低，却极大保留了高光与阴影的细节，经过色彩还原后的画面是十分漂亮的

16.5.3 开启拍摄Canon Log时的辅助功能

由于Canon Log图像的特性（为了确保宽广的动态范围），在相机上播放时，这些短片与应用照片风格记录的短片相比，可能看起来发暗且反差较小。为了更清晰地显示画面以轻松实现对细节的查看，我们需要开启"查看帮助"功能来保证前期拍摄到曝光准确的画面。

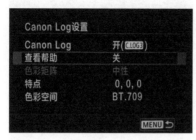 

↑ 在Canon Log设置菜单中点击"查看帮助"选项，将其设置为"开"

拍摄照片时有高光警告来提示过曝区域，而使用佳能 EOS R5 (R6) 相机录制视频时，同样可以开启斑马线功能来使指定某亮度级别以上的图像区域显示斑马线，从而精确定位过暗或过亮区域。

需要进行讲解的是：斑马线1将在指定亮度区域周围显示向左倾斜的条纹；斑马线2则会显示向右倾斜的条纹；而斑马线1+2将同时显示上述两种斑马线，并且会在两个区域重叠时显示重叠的斑马线。斑马线级别代表画面中超过你所设定亮度数值的部分会显示不同种类的斑马线。

↑ 在拍摄菜单的"7"选项卡中点击"斑马线设置"选项，将"斑马线"设置为"开"

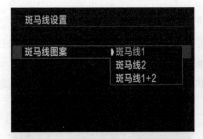

↑ 可选择不同级别的斑马线，斑马线1的显示亮度级别和斑马线2的显示亮度级别（如图所示）

← 斑马线1的显示效果